农家书屋 促振兴丛书

# 高效健康

养 蜂

# 全程实操图解

张中印　吴黎明　主编

U0256347

中国农业出版社

北　京

**图书在版编目（CIP）数据**

高效健康养蜂全程实操图解/张中印，吴黎明主编．
—北京：中国农业出版社，2019.5（2019.10 重印）
ISBN 978-7-109-25111-3

Ⅰ.①高… Ⅱ.①张…②吴… Ⅲ.①养蜂－图解
Ⅳ.①S89-64

中国版本图书馆 CIP 数据核字（2019）第 000619 号

中国农业出版社出版

（北京市朝阳区麦子店街 18 号楼）

（邮政编码 100125）

责任编辑　郭永立　弓建芳

───────────────

中农印务有限公司印刷　　新华书店北京发行所发行
2019 年 5 月第 1 版　　2019 年 10 月北京第 3 次印刷

───────────────

开本：880mm×1230mm 1/32　　印张：6.75
字数：185 千字
定价：25.00 元

（凡本版图书出现印刷、装订错误，请向出版社发行部调换）

## 编写委员会

主　　编　张中印　吴黎明

副 主 编　杜开书　王　凯

编写人员　吴黎明　杜开书　王　凯

　　　　　齐素贞　侯宝敏　张中印

主　　审　吴　杰

# 前　言

　　从事养蜂能够就业致富、强身祛病，养 1 群蜜蜂，有吃不完的甜蜜，养 10 群蜜蜂的效益，相当于养 100 头猪；养蜂可以有效地利用山区宝贵的蜜源资源，是解决失地、失林农民生活问题的一条可行路子。蜜蜂访花授粉，还能促进植物结果，提高农产品的产量和品质，增加生物的多样性，所以，养蜂业是现代农业不可缺少的组成部分。

　　本书作者在长期从事养蜂生产、教学和科研的基础上，学习并广泛吸取中外经典理论和成功经验，根据我国现代养蜂科学技术的需要，继承传统，求是创新，撰写了这本融先进性、可读性和可操作性于一体，技术体系较为完整的养蜂图书。为了更直观地说明问题，全书配有 300 多幅图片，图文并茂、简洁明了。

　　简明有效的技术措施，加上先进适用的养蜂工具，可以把养蜂人员从繁琐、艰苦的劳动中解放出来，让养蜂变成乐事，人们在趣味盎然的实践中自学养蜂。

　　本书是《建设社会主义新农村图示书系》和《国家现代养蜂产业技术体系建设研究成果》的组成部分，在撰写和出版过程中，得到丛书编委会、中国农业出版社编审们和项目首席科学家中国农业科学院蜜蜂研究所吴杰研究员的悉心指导和大力支持，得到河南科技学院院长王清连教授、福建农林大学周冰峰教授、长葛市科技局孙明亮先生、黄智勇教授的关怀和帮助，以及 http：//www. dkimages. com、http：//www. honeybeewold. com、http：//www. honeyflowfarm. com、 http：//www. invasive. org 等专业网站的精美图片。在此谨向以上单位和个人致以衷心的感谢，对参考过的有关资料和引用国内外网站的精彩图片的作者，也在此一并致以诚挚的谢意。囿于作者学识水平和实践经验有限，书中错误和欠妥之处在所难免，恳请读者随时批评指正，以便今后修改、增删，使之日臻完善。

特别注明，因有些联络地址不详，作者对引用了图片而没有取得联系的国内外网站和个人表示深切的歉意，如有机会请与作者联系（中国河南新乡市，河南科技学院；邮编：453003；E-mail：zzy2772@aliyun. com）。

编著者

# 目 录

# 一、养蜂业概况

**目标**
- 了解我国养蜂现状
- 熟悉我国养蜂政策和标准

## (一) 养蜂生产现状

### ▶ 养蜂资源

(1) 蜜源植物丰富　我国地域辽阔，蜜源植物种类多、分布广，春、夏、秋、冬四季都有相应的蜜源植物开花泌蜜。据调查，目前我国能被蜜蜂利用的蜜源种类有 10 000 种以上，能取到商品蜜的蜜源植物有 100 多种。全国蜜源植物比较丰富、养蜂潜力大的省份有：河南、湖北、陕西、黑龙江、河北、四川、山东、内蒙古、辽宁、吉林、江苏、安徽和广东。通常，将我国分为东北区、华北区、黄河中下游地区、黄土高原区、新疆区、长江中下游地区、华南区、西南区和长江以南丘陵区 9 个蜜粉源基地。

(2) 蜜蜂资源丰富　在世界公认的蜜蜂属 7 种蜜蜂当中，中国境内就有 6 种。它们分别是大蜜蜂 (*Apis dorsata* Fabr.)、小蜜蜂 (*Apis florae* Fabr.)、黑大蜜蜂 (*Apis laboriosa* Smith)、黑小蜜蜂 (*Apis andreniformis* Smith)、东方蜜蜂 (*Apis cerana* Fabr.)、西方蜜蜂 (*Apis mellifera* L.)。其中，最有经济价值、被广泛应用于蜂产品生产和为农作物授粉的蜂种主要是西方蜜蜂和东方蜜蜂。

## 🔖 生产规模

现在，我国养蜂从业人员近 40 万，饲养着 1 000 万群蜜蜂，其中西方蜜蜂约 650 万群、中华蜜蜂约 350 万群。每年约生产蜂蜜 40 万吨、蜂王浆 4 000 吨、蜂花粉 10 000 吨、蜂蜡 9 000 吨、蜂胶 350 吨、蜂王幼虫 650 吨、雄蜂蛹 60 吨、蜂毒 60 千克。

一般情况下，一位养蜂师傅能够管理蜂群 60～100 群。养蜂工人年均收入约 40 000 元，养蜂场主年均约 100 000 元。

中蜂多为定地饲养，蜂场规模从十余群到数百群。南方（如广东）以中蜂为主，每个蜂场有蜂 100 群左右，多的达到 400 群（图 1-1）；北方山区每个蜂场有 60 群左右，个别蜂场达到 300 多群。每年采集 1～2 个主要蜜源，每群生产蜂蜜 5～30 千克，收入 500～1 000 元，由于技术、蜜源、气候和市场环境等因素影响，产量悬殊较大。

图 1-1　海南儋州 400 群中蜂活框饲养示范蜂场

（张中印　摄）

意蜂多为转地放蜂，蜂场规模从数十群到数百群不等，一般以家庭为单位，一车蜂 200 群左右（图 1-2），个别蜂场达到 300 多群。新疆一个蜂场有蜂 3 000 多群，但仅是个例。意蜂养殖技术成熟，机械化水平高，每年采集 3～8 个蜜源不等，群产蜂蜜 50～100 千克、蜂胶 150 克、蜂王浆和蜂花粉各 1～10 千克，年群均收入 500～2 000 元。

图 1-2　河南安阳 240 群意蜂转地放蜂
（张中印　摄）

## 生产方式

我国养蜂生产中，中蜂以生产蜂蜜为主、蜂蜡为辅，定地饲养为主，结合短距离小转地采蜜。意蜂产品种类多样，多数转地放蜂，随着产品主次的分化和人工饲料的应用，大转地、小转地和定地三种饲养模式共存，或因地制宜，三种模式相互结合提高综合效益。

长期以来蜂场经营总体上以生产蜂蜜为主（占养蜂直接收入的70％以上），但随着其他蜂产品生产技术水平的提高和市场需求增大，生产方式开始改变。比如，江浙一带养蜂生产中蜂王浆的产值已经达到甚至超过蜂蜜的收入，转变成以定地饲养生产蜂王浆为主、以生产蜂蜜为辅，或转地饲养蜂蜜和蜂王浆并重的生产方式。近些年来，跟随市场走向，还逐渐出现了为作物、果树等进行蜜蜂授粉的专业蜂场，以及生产蜂花粉的专门蜂场等，都取得了理想的效益。另外，还有专门为医疗保健服务、休闲养生的养蜂产业模式。

我国专业化养蜂场，从前以人工管理为主，现在开始转向机械操作，养蜂规模由人均养蜂数量 45 群左右，发展到人均饲养 100多群。随着蜂机具的创新与改革，尤其是蜂蜜和蜂王浆生产机械化、自动化水平的提高，将会分离出取蜜、产浆和取胶等专业化养蜂生产服务队伍，养蜂员仅负责蜂群管理工作。这些将推动蜜蜂养殖全面实现良种化，逐渐形成专业培育生产蜂王的养王场。

蜂农以养蜂为业，目的是获得效益；城市人业余养蜂，可怡情养性。现代养蜂与传统养蜂并存，市场需求、生态文化、消费理念使养蜂生产专业化，多元化，尤其是广大山区因地制宜进行无框中蜂饲养、巢蜜生产，取得了经济效益与生态效益得到平衡的良好效果。

# （二）养蜂相关政策与标准

养蜂是传统养殖业，其产品是高档的保健食品、药品或化工原料，因此，养蜂生产离不开国家政策的支持，以及标准规范的约束。本节列举了与养蜂生产紧密相关的现行政策、标准和规定，供读者参考。

## ▶ 养蜂政策

《养蜂管理办法（试行）》（第 1692 号），中华人民共和国农业部 2011 年 12 月 13 日发布，自 2012 年 2 月 1 日起施行。内容包括：总则、生产管理、转地放蜂、蜂群疫病防控、附则。旨在规范和支持养蜂行为，加强对养蜂业的管理，维护养蜂者合法权益，促进养蜂业持续健康发展。

2018—2019 年，国家连续两年为 10 个重点省（直辖市）立项，下放经费 1 000 万元；同时，各省（直辖市）也有相关配套经费，以支持蜜蜂良种保护和产品质量提升，助推养蜂精准扶贫。

## ▶ 养蜂标准与规范

（1）《蜜蜂饲养技术规范》（NY/T 1160—2015）　中华人民共和国农业部 2015 年 5 月 21 日发布，2015 年 8 月 1 日实施。内容包括：养蜂场地、蜂场卫生保洁和消毒，蜂种、饲料、蜂机具及卫生消毒，蜂群饲养管理的常用技术，增长阶段管理，蜂产品生产阶段管理，越夏阶段管理，越冬准备阶段管理，越冬阶段管理，蜜蜂病敌害防治等技术方法。本标准适用于西方蜜蜂的活框饲养。

（2）《蜜蜂产品生产管理规范》（GB/T 21528—2008）　由中华人民共和国国家质量监督检验检疫总局和中国国家标准化管理委

员会于 2008 年 4 月 9 日发布，2008 年 8 月 1 日实施。内容包括范围、规范性引用文件、术语和定义、要求、检查、不合格品处置，以及（资料性附录）记录和表格（养蜂日志、收购记录、交货单和产品标识）。

（3）《蜂王浆生产技术规范》（NY/T 638—2016） 中华人民共和国农业部，2016 年 5 月 23 日发布，2016 年 10 月 1 日实施。本标准规定了蜂王浆生产环境和生产场地要求，生产的条件，生产蜂群的管理，蜂场、蜂机具和蜂王浆生产工具的卫生消毒，生产的工序，记录和标识，包装、储存和运输等内容，适用于蜂王浆的生产。

（4）《蜜蜂授粉技术规程（试行）》（农办牧〔2010〕8 号）农业部办公厅印发。蜜蜂授粉是指以蜜蜂为媒介传播花粉，使植物实现授粉受精的过程。本规程规定了授粉蜂群的准备、大田作物授粉技术和设施作物授粉技术的操作程序和管理要求等。

（5）《蜜蜂病虫害综合防治规范》（GB/T 19168—2003） 中华人民共和国国家标准，国家质量监督检验检疫总局发布，2003-11-01 实施。内容包括：范围——规定了蜜蜂病虫害防治工作的基本原则和技术方法，本标准适用于各种蜂场。术语和定义，蜜蜂病虫害预防要求和蜜蜂病虫害治疗原则，以及附录 A（资料性附录）化学消毒药物及使用方法和附录 B（规范性附录）蜜蜂传染性病害及其防治。

（6）《蜜蜂检疫规程》（农医〔2010〕41 号） 农业部 2011 年10 月 13 日发布并实施，内容包括适用范围、术语和定义、检疫对象、检疫合格标准、检疫程序、检疫结果处理、监督检查和检疫记录八个部分，适用于中华人民共和国境内蜜蜂的检疫，以及美洲幼虫腐臭病、欧洲幼虫腐臭病、蜜蜂孢子虫病、蜜蜂白垩病和蜂螨病等蜜蜂检疫规程实验室检测参考方法的附录。

（7）《无公害农产品 兽药使用准则》（NY/T 5030—2016）中华人民共和国农业部 2016 年 5 月 23 日发布，2016 年 10 月 1日实施。本标准规定了兽药的术语和定义、购买要求、使用要求、兽药使用记录和不良反应报告。本标准适用于无公害农产品（畜禽产品、蜂蜜）的生产、管理和认证。

## ▶ 蜂产品标准

蜂产品标准包括国家标准和行业标准两种，另外，不同部门根据行业特点，制定了不同要求的蜂产品标准。

（1）《食品安全国家标准 蜂蜜》（GB 14963—2011） 中华人民共和国卫生部制定。现行版本代替 GB 14963—2003《蜂蜜卫生标准》以及 GB 18796—2005《蜂蜜》中的对应指标。

（2）《蜂蜜》（GH/T 18796—2012） 中华人民共和国供销合作社行业标准，中华全国供销合作总社发布。替代 GH 012—1982 蜂蜜、GH/T 1001—1998 预包装食用蜂蜜、GB/T 18796—2002 蜂蜜、GB 18796—2005 蜂蜜。包括范围、规范性引用文件、术语和定义、要求、试验方法、包装、标志、贮存、运输等内容。

（3）《蜂王浆》（GB 9697—2008） 由中华人民共和国国家质量监督检验检疫总局于 2008 年 7 月发布，2009 年 1 月 1 日实施。该标准规定了蜂王浆的定义、等级、品质、试验方法、包装、标志、运输要求，适用于蜂王浆的生产和贸易。

（4）《蜂王浆冻干粉》（GB/T 21532—2008） 由中华人民共和国国家质量监督检验检疫总局和中国国家标准化管理委员会于 2008 年 4 月 9 日发布，2008 年 9 月 1 日实施。本标准规定了蜂王浆冻干粉的等级、要求、使用方法、包装、标志、贮存与运输要求。本标准适用于蜂王浆冻干粉的加工与销售。

（5）《蜂花粉》（GB/T 30359—2013） 按照 GB/T 1.12009 给出的规则起草，参照 GH/T 1014—1999 制定，由中华人民共和国国家质量监督检验检疫总局和中国国家标准化管理委员会 2013 年 12 月 31 日发布，2014 年 6 月 22 日实施。本标准规定了蜂花粉的定义、要求、等级、试验方法、包装、标志、贮存、运输要求。适用于工蜂采集形成的团粒（颗粒）状蜂花粉或碎蜂花粉，不适用于破壁蜂花粉及以蜂花粉为原料加工成的产品。

（6）《蜂胶》（GB/T 24283—2009） 由中华人民共和国国家

质量监督检验检疫总局和中国国家标准化管理委员会于 2009 年 7 月 8 日发布，2009 年 12 月 1 日实施。该标准规定了蜂胶及蜂胶乙醇提取物的定义及其品质、检验方法、包装、标志、贮存、运输要求。本标准适用于蜂胶及蜂胶乙醇提取物的加工、贸易。

（7）《蜂胶 2010 版中国药典质量标准》 内容包括蜂胶性状、鉴别、检查、浸出物、含量测定、炮制、性味与归经、功能与主治、用法与用量、注意和贮藏。

（8）《蜂蜡》（GB/T 24314—2009） 中华人民共和国国家质量监督检验检疫总局、中国国家标准化管理委员会于 2009 年 9 月 30 日发布，2009 年 12 月 1 日实施。规定了蜂蜡的等级、要求、试验方法、包装、标志、贮存、运输要求。本标准适用于养蜂生产获得的以及经简单加工形成的产品。

（9）《食品安全国家标准-食品添加剂-蜂蜡》（GB 1886.87—2015） 由中华人民共和国国家卫生和计划生育委员会 2015 年 9 月 22 日发布，于 2016 年 3 月 22 日实施，内容包括范围、技术要求，以及附录 A 检验方法。本标准适用于将蜂巢去除蜂蜜后制得的食品添加剂蜂蜡。

（10）蜂蜡标准（中国药典 2010 版） 本品为蜜蜂科昆虫中华蜜蜂或意大利蜂分泌的蜡。将蜂巢置水中加热、滤过、冷凝取蜡或再精制而成，明确了蜂蜡性状、性味与归经、功能与主治、用法与用量、贮藏等共同遵守的条款。

（11）《雄蜂蛹》（GB/T 30764—2014） 由中华人民共和国国家质量监督检验检疫总局、中国国家标准化管理委员会于 2014 年 6 月 9 日发布，2014 年 10 月 27 日实施。规定了雄蜂蛹的术语和定义、要求、试验方法、包装、标志、贮存、运输，适用于西方蜜蜂雄蜂蛹的生产和贸易。

# 二、蜜蜂的特性

**目标**
- 掌握蜂群组成与特点
- 理解蜂群的生命特征
- 牢记蜂群的生活规律

## （一）蜂群的特点

### 蜜蜂的概念

蜜蜂是采、酿蜂蜜的社会性昆虫，也是人类饲养的小型经济动物，它们以群（箱、窝、桶、笼、窑）为单位过着社会性生活。

饲养蜜蜂，可用于生产蜂蜜、蜂花粉、蜂胶、蜂蜡、蜂王浆和蜂毒等产品，也用于农作物授粉，增加产量、提高品质。

### 蜂群的组成

蜂群是蜜蜂的社会性群体，为蜜蜂自然生活和蜂场饲养管理的基本单位。一个蜂群通常由1只蜂王、数百只雄蜂和数千只乃至数万只工蜂组成（图2-1，图2-2）。

（1）**蜂王** 是由受精卵长成的生殖器官发育完全的雌性蜂，具二倍染色体，在蜂群中专司产卵，是蜜蜂品种种性的载体，以其分泌蜂王物质的多少和产卵数量的大小来控制蜂群。

（2）**工蜂** 是由受精卵发育而成的生殖器官不完全的雌性蜂，具二倍染色体，有执行巢内外工作的器官。工蜂是蜂群中个体最小、数量最多的蜜蜂，在繁殖季节，一个强群可拥有5万～6万只工蜂，它们担负着蜂群内外的主要工作，正常情况下不产卵。

图 2-1　蜂群——工蜂和蜂王

（张中印　摄）

图 2-2　蜜蜂的一家

（朱志强　摄）

（3）雄蜂　是由未受精卵发育长成的雄性蜂，具单倍染色体。雄蜂在蜂群中的职能是平衡性比关系和寻求与处女王交配。它是季节性蜜蜂，只有蜂群需要时才出现。

### ▶ 蜜蜂的巢穴

蜜蜂的巢穴简称蜂巢，是蜜蜂繁衍生息、贮藏食粮的场所，由工蜂泌蜡筑造的 1 片或多片与地面垂直、间隔并列的巢脾构成，巢脾上布满巢房（图 2-3）。

（1）野蜂蜂巢　野生的东方蜜蜂和西方蜜蜂常在树洞、岩洞等黑暗的地方建筑巢穴，通常由 10 余片互相平行、彼此保持一定距离的巢脾组成，巢脾两面布满正六边形的巢房，每一片巢脾的上缘都附着在洞穴的顶部，蜂巢的形状一般呈半椭圆球形。单片巢脾的

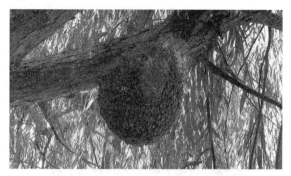

图 2-3 意大利蜜蜂建筑在树枝下的自然蜂巢

(张中印 摄)

中下部为育虫区，上方及两侧为贮粉区，贮粉区以外至边缘为贮蜜区。从整个蜂巢看，中下部（蜂巢的心）为培育蜂儿区，外层（蜂巢的边或壳）为饲料区（图 2-4）。

图 2-4 小蜜蜂蜂巢（示：蜂房位置）

(张中印 摄)

（2）人工蜂巢 人工饲养的东方蜜蜂和西方蜜蜂，生活在人们特制的蜂箱内，巢房建筑在活动的巢框里，巢脾大小规格一致，即适合蜜蜂的生活习性，又便于现代养蜂生产和管理操作（图 2-5，图 2-6）。其他特点同野生的东方和西方蜜蜂。

图 2-5　人工蜂巢——蜂箱
（张中印　摄）

图 2-6　巢　脾
（张中印　摄）

（3）蜜蜂筑巢　一般由 12～18 日龄的工蜂吃饱蜂蜜，然后由蜡腺转化成蜂蜡液体，并排出到蜡镜上形成蜡鳞（片）。蜜蜂用中、后足上的距（加长加粗的特殊体毛）截取蜡鳞，经前足送到上颚，经过咀嚼并混入上颚腺的分泌物后，把变成海绵状的蜡块有规律地砌成巢房。工蜂巢房和雄蜂巢房呈正六棱柱体，巢房朝房口向上倾斜 9°～14°；房底由 3 个菱形面组成，3 个菱形面分别是反面相邻 3 个巢房底的 1/3；房壁是同一面相邻巢房的公用面。由巢房形成巢脾，再由巢脾组成半球形的蜂巢。层层叠叠的巢房，每一排房孔都在同一条直线上，规格如一、洁白、美观，而且这样的结构能最有效地利用空间、最省材料、更坚固。

自然蜂巢，是从顶端附着物部位开始建造，然后向下延伸。人工蜂巢，蜜蜂密集在人工巢础上造脾。

（4）更新蜂巢　新巢脾色泽鲜艳，房壁薄，容量大，培育的工蜂个大，且不易滋生病虫害（图 2-7）。随着培育蜂儿次数的增加，巢房容积越来越小，颜色也越来越深，最后成为黑色，由这种巢房育出的蜜蜂个体小，也容易滋生巢虫、招来病菌。因此，意蜂巢脾2年更换1次，中蜂巢脾则年年更换。装满花粉的褐色巢脾导热系数仅为1.4，这有助于早春蜜蜂保温。

图 2-7　巢　房
（张中印　摄）

## 蜜蜂的食物

食物是蜜蜂生存的基本条件之一，蜜蜂专以花蜜和花粉为食。自然情况下，食物是指蜂蜜和蜂粮，它们来源于蜜源植物。另外，蜂乳（蜂王浆）是蜜蜂小幼虫和蜂王必不可少的食物，水是生命活动的物质，西方蜜蜂还采集蜂胶来抑制微生物。如果蜂群营养充分，就会养好蜜蜂，获得好收成；如果蜂群缺乏营养，就养不好蜜蜂，得不到效益。

（1）蜂蜜 由工蜂采集花蜜并经过酿造而来，可为蜜蜂生命活动提供能量。蜂蜜（图2-8）中含有180余种物质，其主要成分是果糖和葡萄糖，占总成分的64％～79％；其次是水分，含量为17％；另外还有蔗糖、麦芽糖、少量多糖及氨基酸、维生素、矿物质、酶类、芳香物质、色素、激素和有机酸等。在我国一群蜂1年约需69千克蜂蜜，培育1千克蜜蜂约需蜂蜜1.14千克。

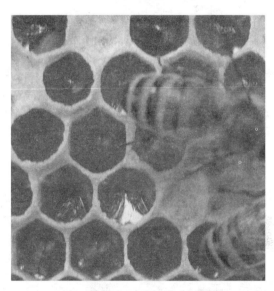

图2-8 蜂 蜜
（张中印 摄）

（2）蜂粮 由工蜂采集花粉并经过加工形成，为蜜蜂生长发育提供蛋白质。花粉是蜜蜂食物中蛋白质、脂肪、维生素、矿物质的主要来源，为蜜蜂生长发育的必需品。花粉中含有8％～40％的蛋白质、30％的糖类、20％的脂肪以及多种维生素、矿物质、酶与辅酶类、甾醇类、牛磺酸和色素等。培育1千克蜜蜂约需花粉894克，一群蜂1年约需花粉25千克（图2-9）。

图 2-9　蜂　粮

（张中印　摄）

（3）蜂乳　由工蜂的王浆腺和上颚腺分泌产生，为蜂王的食物以及工蜂和雄蜂小幼虫的食物，其主要成分是蛋白质和水。喂养蜂王的蜂乳也叫蜂王浆，在蜂王的生长发育和产卵期都必须有充足的蜂王浆供应（图 2-10）。

图 2-10　蜂王浆

（张中印　摄）

（4）水分　由工蜂从外界采集获得，在蜜蜂活动时期，一群蜂每日需水量约 200 克，一个强群日采水量可达 400 克。没有水，蜜蜂不能繁殖，喝了污水会生病。

# （二）蜜蜂的生理

蜜蜂体腔内充满着流动的血液（血淋巴），消化道位于体腔的中央，从口到肛门前后贯通；血液循环系统的中心——背血管（心脏和一段动脉），位于腹腔背面的中央。中枢神经系统由头部的脑和位于体腔腹面中央的腹神经索组成。呼吸系统开口于胸部和腹部的两侧。除此以外，蜜蜂的内部构造还包括生殖系统、腺系统、排泄器官等。

蜜蜂腹部的消化道与背血管、腹神经索之间分别由背隔、腹隔隔开，这样将腹腔分隔成3个腔，即背血窦、围脏窦和腹血窦，以便血液分区循环。

### ➤ 消化系统与生理

蜜蜂成虫的消化系统可分为前肠、中肠和后肠3部分。

前肠由口、咽、食管、蜜囊和前胃组成，与花蜜的采集和酿造密切相关（图2-11）。

图2-11 工蜂的采蜜器官

a. 喙，是吸食花蜜的管子

b. 蜜囊，临时存放花蜜、类似家庭主妇购物的袋子

（引自黄智勇）

中肠呈 S 形，是蜜蜂消化食物和吸收养分的主要器官，与后肠分界处着生马氏管。

后肠又由小肠和直肠组成，直肠壁上着生有直肠腺。小肠是弯曲、狭长的管子，在中肠未被消化的食物，经小肠继续消化和吸收后进入直肠。直肠可暂时贮存代谢废物，直肠腺的分泌物可抑制粪便腐烂。

### ▶ 生殖系统与生理

蜂王和雄蜂的生殖器官发育完全。工蜂的生殖器官几乎完全退化，正常情况下不能产卵。

（1）雄蜂生殖器官　由 1 对睾丸、2 条输精管、1 对贮精囊、1 对黏液腺、1 条射精管和阳茎组成。睾丸呈扁平的扇状体，内有许多精小管，产生的精子经过一小段细小扭曲的输精管，到达长管状的贮精囊，与处女蜂王交配时，由射精管排出土黄色的精液（图 2-12）。

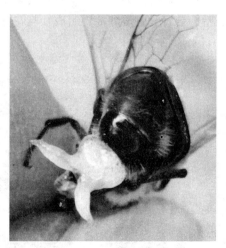

图 2-12　雄蜂外露的阳茎

（张中印　摄）

（2）蜂王生殖器官　由 1 对卵巢、2 条侧输卵管、1 个中输卵管、副性腺和外生殖器等组成。卵巢呈梨形，每个卵巢由 150 条左右的卵巢管紧密聚集而成，卵巢管由一连串的卵室和滋养细胞室相间组成（图 2-13）。

图 2-13　雌蜂的卵巢管

（引自黄智勇）

　　卵在卵室内发育，成熟后经过侧输卵管到达中输卵管，中输卵管的后端膨大为阴道，阴道背面有 1 个圆球状的受精囊，是蜂王接受和贮藏精子的地方，由受精囊管与阴道相通，蜂王在此按需要决定卵子受精与否。

　　工蜂的生殖器官已显著退化，卵巢仅存 3～8 条卵巢管，受精囊仅存痕迹，其他器官也已退化，失去正常的产卵功能。

### ▶ 分泌系统与生理

　　由不同功能的腺体组成，包括外分泌腺和内分泌腺。

　　（1）内分泌腺　内分泌腺无腺管，其分泌物称激素，被腺体周围的毛细血管吸收，通过血液循环送往身体各处，以调节机体的生长发育、蜕皮、物质代谢和组织器官的活动。蜜蜂的内分泌腺有前胸腺、咽侧体、心侧体和脑神经分泌细胞群（蜜蜂的脑下垂体）。

　　（2）外分泌腺　外分泌腺有腺管，分泌物通过导管排出体外。主要有咽下腺、毒腺、臭腺和上颚腺等。

　　工蜂的咽下腺位于头内两侧，为 1 对葡萄状的腺体，分泌的蜂乳经过两条中轴导管送到舌端，喂养蜂王和小幼虫，所以，咽下腺又称王浆腺。

　　工蜂的上颚腺分泌王浆酸参与蜂王浆的形成，主要成分是 10-羟基-2-癸烯酸（简式 10-HDA）。蜂王上颚腺的分泌物叫蜂王物质，主要成分是反式 9-氧代-2-癸烯酸（简式 9-ODA）、反式 9-羟基-2-癸烯酸（简式 9-HDA）等。一方面，工蜂通过喂养蜂王获得这种物质，并经过工蜂间的相互接触在蜂群中传递，保持蜂群的稳定团结和积极的工作状态；另一方面，通过空气传播，婚飞的处女王引起雄蜂的竞争，分蜂的蜜蜂聚集在蜂王的周围，并形成稳定的蜂团。

# （三）蜜蜂的习性

## ▶ 蜜蜂的飞行特点

在黑暗的蜂巢里，蜜蜂利用重力感觉器与地磁力来完成筑巢的定位。在来往飞行中，蜜蜂充分利用视觉和嗅觉的功能，依靠地形、物体与太阳位置等来定位。而在近处则主要依靠颜色和气味来寻找巢门位置和食物（图 2-14）。在一个狭小的场地住着众多的蜜蜂，在没有明显标志物时，蜜蜂可能会迷巢，蜂场附近的高压线能影响蜜蜂的定向。

图 2-14　工蜂飞行特点
采完食物，先转 2 圈再直线飞走，飞行时，后足分开
（朱志强　摄）

晴暖无风的天气，意蜂载重飞行的时速为 20～24 千米，出巢

飞行速度较慢；在逆风条件下常贴地面艰难飞行。意蜂的有效活动范围在离巢穴 2.5 千米以内，向上飞行的高度 1 千米，并可绕过障碍物。中蜂的采集半径约 1 千米。

一般情况下，蜜蜂在最近的植物上进行采集。在远处（在其飞行范围内）有更丰富、可口的植物泌蜜、散粉的情况下，有些蜜蜂也会舍近求远，去采集该植物的花蜜和花粉，但离蜂巢越远，去采集的蜜蜂就会越少。一天当中，蜜蜂飞行的时间与植物泌蜜时间相吻合。

### 食物采集与加工

蜂群生活所需要的营养物质，都由蜜蜂从外界采集物中获得。蜜蜂出外采集主要有花蜜和花粉等。

（1）花蜜的采集与酿造　花蜜是植物蜜腺分泌出来的一种甜液，是植物招引蜜蜂和其他昆虫为其异花授粉必不可少的"报酬"。

①花蜜的采集：蜜蜂飞向花朵，降落在能够支撑它的任何方便的部位，根据花的芳香和花蕊的指引找到花蜜和花粉，把喙从颏下位置向前伸出，在其达到的范围内把花蜜吮吸干净（图 2-15）。有时这个工作需要在空中飞翔时完成。

图 2-15　采　蜜
（张中印　摄）

一个 6 千克重的蜂群，在流蜜期投入到采集活动的工蜂约为总数的 1/2；一个 2 千克重的蜂群，投入到采集活动的工蜂所占蜂群比例约为 5/17。如果蜂巢中没有蜂儿可哺育，5 日龄以后的工蜂就参与到采集工作中去。在刺槐、油菜、椴树等主要蜜源开花盛期，一个意蜂强群 1 天采蜜量可达 5 千克以上。

②蜂蜜的酿制：花蜜酿造成蜂蜜，一是要经过糖类的化学转变，二是要把多余的水分排出。花蜜被蜜蜂吸进蜜囊的同时即混入了上颚腺的分泌物——转化酶，蔗糖的转化就从此开始。采集蜂归巢后，把蜜汁分给一至数只内勤蜂，内勤蜂接受蜜汁后，找个安静的地方，头向上，张开上颚，整个喙进行反复伸缩，吐出吸纳蜜汁。20 分钟后，酿蜜蜂爬进巢房，腹部朝上，将蜜汁涂抹在整个巢房壁上；如果巢房内已有蜂蜜，酿蜜蜂就将蜜汁直接加入。花蜜中的水分，在酿造过程中通过扇风来排除。如此 5～7 天，经过反复酿造和翻倒，蜜汁不断转化和浓缩，蜂蜜成熟，然后，逐渐被转移至边脾，泌蜡封存。

（2）花粉的收集与制作　花粉是植物的雄性配子，其个体称为花粉粒，由雄蕊花药产生。饲喂幼虫和幼蜂所需要的蛋白质、脂肪、矿物质和维生素等，几乎完全来自花粉。

①花粉的收集：当花粉粒成熟时，花药裂开，散出花粉。蜜蜂飞向盛开的鲜花，拥抱花蕊，在花丛中跌打滚爬，用全身的绒毛黏附花粉，然后飞起来用 3 对足将花粉粒收集并堆积在后足花粉篮中，形成球状物——蜂花粉，携带回巢（图 2-16）。

图 2-16　采集花粉

②蜂粮的制作：蜜蜂携带花粉回巢后，将花粉团卸载到靠近育虫圈的巢（花粉）房中，不久内勤蜂钻进花粉房中，将花粉嚼碎夯实，并吐蜜湿润。在蜜蜂唾液和天然乳酸菌的作用下，花粉变成蜂粮（图2-17）。巢房中的蜂粮贮存至七成左右，蜜蜂添加1层蜂蜜，最后用蜡封盖，以便长期保存。

图 2-17　蜂　粮
（张中印　摄）

### 蜜蜂的语言

蜜蜂的社会性生活方式，要求其社会成员间进行有效的信息传递。它们通过感觉器官、神经系统接受外界和体内各种理化刺激，按固定程序机械性地产生一系列行为反应，整个蜂群中的蜜蜂内外协调，共同完成繁殖、分蜂、抗御敌害与严寒，使蜜蜂种群得以生存和繁荣。

（1）本能与反射　蜜蜂的本能是在长期自然选择中建立起来的适应性反应，一般受内分泌激素的调节。如蜂王产卵、工蜂筑巢、采酿蜂蜜和蜂粮、饲喂幼虫等都是本能表现。蜜蜂对刺激产生反射活动，如遇敌蜇刺、闻烟吸蜜，用浸花糖浆喂蜂，蜜蜂就倾向探访有该花香气的花朵，这些都是反射活动。

（2）信息外激素　是蜜蜂外分泌腺体向体外分泌的多种化学通信物质，这些物质借助蜜蜂的接触、饲料传递或空气传播，作用于同种的其他个体，引起特定的行为或生理反应。主要有蜂王信息素、蜂儿信息素和蜂蜡信息素等。

①蜂儿信息素：由蜜蜂幼虫和蛹分泌散布，作为雄、雌区别的信息，刺激工蜂积极工作。

②蜂蜡信息素：由新造巢脾散发出的挥发物，促进工蜂积极工作。

③蜂王信息素：由蜂王上颚腺分泌，通过侍卫工蜂传播，起着蜂群团结的作用。

在植物开花泌蜜期，巢内有适量幼虫、积极造脾会增加蜂蜜产量。

④工蜂臭腺素：当蜜蜂受到威胁时，就高翘腹部，伸出螫针向来犯者示威，同时露出臭腺，扇动翅膀，将携带密码的气味报告给伙伴，于是，群起攻击来犯之敌。

（3）蜜蜂的蜂舞　蜜蜂在巢脾上用有规律的跑步和扭动腹部来传递信息，进行交流（图2-18），类似人的"哑语"或"旗语"。

图 2-18　蜜蜂的舞蹈
（张中印　摄）

①圆舞：蜜蜂在巢脾上快速左右转圈，向跟随它的同伴展示丰

美的食物就在附近。

②8字舞：蜜蜂在巢脾上沿直线快速摆动腹部跑步，然后转半圆回到起点，再沿这条直线小径重复舞动跑步，并向另一边转半圆回到起点，如此快速转8字形圈，向跟随它的同伴诉说甜蜜在远方，鲜花在它的头与太阳的方向上。于是，群蜂一起将食物搬运回家。

当一个新的蜜蜂王国诞生时，蜜蜂通过舞蹈比赛来确定未来的家园。

（4）蜜蜂的声音　蜂声是蜜蜂的有声语言，如蜜蜂跳分蜂舞时的呼呼声，似分蜂出发的动员令，"呼声"发出，蜜蜂便倾巢而出。蜜蜂围困蜂王时，发出一种快速、连续、刺耳的吱吱声，工蜂闻之，就会从蜂巢的四面八方快速向"吱吱"声音处爬行集中，使围困蜂王的蜂球越结越大，直到蜂王窒息死亡。当蜂王丢失时，工蜂会发出悲伤的无希望的哀鸣声。中蜂受到惊扰或胡蜂进攻时，在原地集体快速震动身体，发出刷刷的、整齐划一的蜂声，向来犯之敌恐吓和示威。

> **蜜蜂与温度**

蜜蜂属于变温动物，其个体体温接近气温，随所处环境温度的变化而发生相应的改变。例如，工蜂个体安全活动的最低临界温度，中蜂为10℃，意蜂为13℃；工蜂活动最适气温为15～25℃，蜂王和雄蜂最适飞翔气温在20℃以上。

蜂群对环境有很强的适应能力，其蜂巢温度相对稳定。蜂群在繁殖期，育虫区的温度要求在34～35℃；在越冬断子期，蜂团外围的温度在6～10℃，蜂团中心的温度在14～24℃。具有一定群势和充足饲料的蜂群，在-40℃的低温下能够安全越冬，在最高气温45℃左右的条件下还可以生存。但是，蜜蜂在恶劣环境下生活要付出很多。创造适宜的环境条件，蜂群会给人们带来意想不到的收获（图2-19，图2-20）。

（1）应对炎夏　蜂巢温度超过蜂群正常生活温度时，蜜蜂常以疏散（图2-21左）、静止、扇风、洒水和离巢等方式来降低巢温，

图 2-19　酷暑中的蜜蜂　　　　图 2-20　冰雪中的蜜蜂
（龚一飞　摄）

长时间高温，蜂王会减少产卵量以减轻工蜂负担，在不能耐受长期高温的情况下会飞逃，例如，大蜜蜂因气温和蜜源等因素在平原和山区有来回迁移的习性。

图 2-21　蜂群对温度的适应
半球形的蜂巢有利于蜜蜂结团和保温，热时散开，冷时挤在一起
（引自 www. invasive. org）

　（2）抵御严寒　蜂巢温度降到蜂群正常生活温度以下时，蜜蜂通过密集、缩小巢门、加强新陈代谢等方式升高巢温。蜂群在整个生活周期内，都是以蜂团的方式度过的，冷时蜂团收缩，热时蜂团疏散，这在野生的东、西方蜜蜂种群的半球形蜂巢更为明显（图2-21右）。在冬季外界气温接近 6～8℃时，蜂群就结成外紧内松的

蜂团，内部的蜜蜂比较松散，它们产生的热量向蜂团外层传输，用以维持蜂团外层蜜蜂的温度。蜂团外层由 3～4 层蜜蜂组成，它们相互紧靠，利用不易散热的周身绒毛形成保温"外壳"。"外壳"里的蜜蜂在得不到足够的温度被冻死时，就被其他蜜蜂替代。一般蜂团表面的温度保持 6～10℃，中心温度 14～24℃。

# （四）蜜蜂的一生

## ▶ 生命特征

在蜂群中，蜜蜂个体一生经过卵、幼虫、蛹和成虫 4 个阶段，前 3 个阶段生活在蜂巢中，成虫则穿行于蜂巢和鲜花之间（图 2-22）。

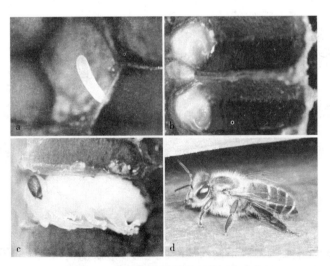

图 2-22　蜜蜂个体生长发育的四个虫态
a. 卵　b. 幼虫　c. 蛹　d. 成虫
（张中印　摄）

在蜂群中，蜂王、工蜂和雄蜂的生长发育时间和寿命，受品种、食物等影响而存在差异（表 2-1）。

表 2-1　中蜂和意蜂发育、生活历期（天）

| 型别 | 蜂种 | 卵期 | 未封盖幼虫期 | 封盖期 | 羽化日 | 成虫期 |
|---|---|---|---|---|---|---|
| 蜂王 | 中蜂 | 3 | 5 | 8 | 16 | 1 080～1 800 |
|  | 意蜂 |  |  |  |  |  |
| 工蜂 | 中蜂 |  | 6 | 11 | 20 | 28～240 |
|  | 意蜂 |  |  | 12 | 21 |  |
| 雄蜂 | 中蜂 |  | 7 | 13 | 23 | 平均 20 |
|  | 意蜂 |  |  | 14 | 24 |  |

## 蜜蜂性别

蜂王在工蜂房和王台基内产下的受精卵，是含有 32 个染色体的合子，经过生长发育成为雌性蜂；由雌性蜜蜂产的未受精卵，其细胞核中仅有 16 个染色体，只能发育成雄蜂（图 2-23）。

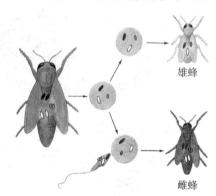

雄蜂

雌蜂

图 2-23　蜜蜂性别决定

（引自 BIOLOGY-The Unity and Diversity of Life，8th）

蜂群中工蜂和蜂王这两种雌性蜂，在形态结构、职能和行为等方面存在差异，主要表现在：①工蜂具有采集食物和分泌蜂蜡、制造王浆等的工作器官，但生殖器官退化；蜂王不具有采集食物的构造，无分泌蜂蜡、制造王浆等的特殊构造，但生殖器官发达，体大，专司产卵。②两者发育历期不同，寿命差异很大（表 2-1）。造成工蜂和蜂王差异的原因是食物和出生地，工蜂出生于口斜向上、呈正六棱柱体的工蜂房中，幼虫在最初的 3 天吃的蜂乳（与蜂王浆相似），以后吃蜂粮；而蜂王成长于口向下、呈圆坛形的王台中，幼虫和成年蜂王一直吃的是蜂王浆。蜂粮和蜂王浆的差异，导致了两种蜂不同的命运。

> **个体活动**

在玉屋叠构、金房繁布的蜜蜂城市（巢穴）里，住着蜜蜂王国的所有成员——工蜂、蜂王和雄蜂，它们世代代在这里繁衍生息、贮藏食粮。每一只蜜蜂都各司其职，为蜂群的生存鞠躬尽瘁，贡献力量。

（1）蜂王　在每年蜜源丰盛季节，蜂群培育新的蜂王，准备分蜂，为新的蜜蜂王国养新王，或替换衰老的蜂王。处女蜂王羽化出来后，8～9 天性成熟，处于青春期的处女蜂王在晴暖天气出巢婚飞，与一群雄蜂竞争中的胜者交配，交配 2～3 天后产卵，产卵后若不分蜂，便一直生活在蜂巢中。

蜂王的职能就是产卵。从早春到秋末，不分昼夜地在巢脾上巡行，产下一个又一个的卵（图 2-24）。意蜂王每昼夜产卵可达 1 800 粒，超过自身的体重。中蜂王每昼夜产卵 900 粒左右。当外界花儿逐渐消失，它会节制生育，并在冬天停止产卵。

图 2-24　蜂王及其产的卵

蜂王在较大巢房中产未受精卵，将来发育成无所事事的雄蜂；在较小巢房中和口朝下的王台基中产受精卵，以后长成一生勤劳的工蜂和权力至高无上的蜂王

此外，蜂王是品种种性的载体，对蜂群中个体的形态、生物学特性、生产性能、抗逆能力等都有直接的影响。它还通过释放蜂王物质和产生足够数量的卵来维持蜂群正常的生活秩序，达到控制群

体的作用。没有蜂王的蜂群，工蜂不安静、采集力下降，最终会导致群体死亡。

蜂王的自然寿命为 3～5 年，其产卵最盛期是 1～1.5 年，1.5年后，产卵量逐渐下降。在养蜂生产中，常使用 1～2 年的蜂王，中蜂蜂王衰老更快，应年年更换。而在炎热的、蜂群没有断子期的地区，一年更换 2 次蜂王，以此保持蜂群的繁荣昌盛。

（2）工蜂　工蜂是性器官发育不完全的雌性蜂，担负着蜂巢内外的一切工作，根据日龄的大小、蜂群的需要以及环境的变化而变更着各自的"工种"。这些工种有：孵卵、打扫巢房、哺育小幼虫和蜂王、泌蜡筑巢、采酿花蜜和蜂粮、守卫蜂巢，等等。

此外，体态轻盈、浑身长满绒毛的蜜蜂身上，可黏附 4 万～5万粒植物的花粉，在采蜜的同时帮助不同成熟程度的雌蕊找到合适的"对象"而授粉。

在蜜蜂短暂的一生中，繁重的采集和泌浆工作，使其寿命在春天约为 35 天，在夏季和秋季只有 28 天左右；而在没有幼虫哺育的情况下，寿命可达到 60 天以上，冬天 180 天。

（3）雄蜂　雄蜂是季节性蜜蜂，为蜂群中的雄性公民。在春暖花开、蜂群强壮时，蜂王在雄蜂房中产下未受精卵，以后它就发育成雄蜂。雄蜂既没有螫针，也没有采集食物的构造，不能自食其力。它们在晴暖的午后，飞离蜂巢 2～3 小时，极少数找到处女王旅行结婚（交配），履行自己授精的职责后死去。绝大多数雄蜂遇不到处女王，却留得生命回巢，或飞到别的"蜜蜂王国旅游"去了。雄蜂的天职就是交配授精，平衡蜂群中的性比关系，平日里饱食终日、无所事事。一到秋末，已无用处的雄蜂，就会被工蜂驱逐出去，了此一生，此措施对蜂群越冬是有利的。

## ▶ 群体生活

蜂群随蜜源、气候变化处在一个动态的平衡中。在我国，2 月前后已有花开，3～10 月蜜源丰富，蜂群繁荣昌盛；11 月至翌年 1月蜜源稀少或断绝，蜂群进入越冬期。

（1）蜂群的周年生活　在同一地区，每个蜂群都受气候和蜜源的影响，其周年生活可分为繁殖和断子等阶段（图 2-25）。

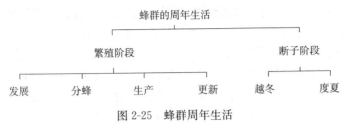

图 2-25　蜂群周年生活

①繁殖阶段：从早春蜂王产卵开始，到秋末蜂王停止产卵结束，蜂群中卵、幼虫、蛹和蜜蜂共存，巢温稳定在 34～35℃。

一般情况下，5 脾蜂开始繁殖，从 a→b21 天，老蜂不断死亡，没有新蜂出生，蜂群群势下降。从 b→c 约 10 天，老蜂继续死亡，新蜂开始羽化，蜂群群势还在下降，到达 c 点蜂群群势下降到全年最低点。从 c→d 约 10 天，新蜂出生数量超过老蜂死亡数量，群势逐渐恢复，到达 d 点群势恢复到开始繁殖时的大小。从 d→e 约 30 天，群势逐渐上升，到 e 点达到全年最大群势，并开始了蜂蜜、花粉、蜂王浆和蜂毒的生产。从 e→f 约 120 天，群势比较平衡，是分蜂和蜂产品生产的主要时期。从 f→g 约 1 个月，我国北方蜂群群势下降，生产停止，这一时期繁殖越冬蜂，喂越冬饲料，准备蜂群越冬。从 g→a 约 135 天，北方蜂群越冬。从 f→h 约 60 天，南方蜂群还在生产茶花粉和蜂王浆。从 h→a 约 75 天，南方蜂群越冬（图 2-26）。

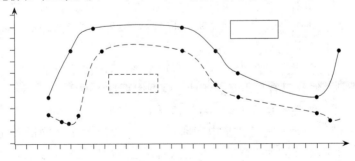

图 2-26　华北地区意蜂周年生活群势消长规律模式

（张中印）

　　在蜂群繁殖过程中，越冬的1只蜜蜂在春天仅能养活1只蜜蜂，春天新出生的1只蜜蜂则能养活4只蜜蜂。春天1脾子可羽化出2.5～3脾蜜蜂，夏天1.5脾，秋天只有1脾蜂。

　　在理想的养蜂模式中，蜂群从8脾蜂开始繁殖，不经过下降、恢复等阶段，新蜂出生就进入上升时期，即A→B→C→D→E→F→A，全年生产周期增长，从3～11月长达8个月，增加了产量。而华北地区从4月至8月底，全年仅5个月的生产时间。

　　②生产阶段：在主要蜜源植物开花泌蜜期，一个强群1天就可采到数千克花蜜，同时可进行取浆、脱粉和造脾等生产。在正常情况下，强群的工蜂无论什么季节都比弱群的工蜂寿命长，抗逆力强，节省饲料，采集力高（表2-2），繁殖期恢复发展快，能充分利用早春和秋季蜜源。

表2-2　正常意蜂群不同群势的采蜜量

| 群势（千克） | 1.5 | 2 | 3 | 4 | 5 | 6 |
|---|---|---|---|---|---|---|
| 每千克蜂的采蜜量（千克） | 2.97 | 3.51 | 4.01 | 4.28 | 4.46 | 4.55 |
| 每千克蜂的采蜜量（%） | 100 | 118 | 135 | 144 | 150 | 153 |

　　③断子阶段：当外界蜜源断绝，天气长时间处于低温或高温状态时，蜂王停止产卵，群势不断下降，蜜蜂处于半冬眠或静止状态，这是蜂群周年生活最困难的时期。

　　越冬期南短北长，如在河南越冬期约4.5个月，浙江约2个月，而在我国海南没有越冬期。蜂群越冬期除吃蜜活动提高巢温外，不再有其他工作。

　　度夏期仅发生在江苏、浙江以南夏季没有蜜源的地区，约持续2个月，蜜蜂只有采水降温活动。蜂群度夏难于越冬。

　　（2）蜂群的自然分蜂　自然情况下，当群强、子旺时，工蜂建造王台基，蜂王向王台基中产卵，王台封盖以后至新蜂王羽化之前，老蜂王连同大半数的工蜂结队离开老巢，另建蜂巢生活；原群留下的蜜蜂和所有蜂儿，待新王出房后，又形成一群，这个过程就叫自然分蜂，是蜂群的繁殖方式，是蜜蜂社会化生活的本能表现。

中蜂比意蜂爱分蜂。蜂王质量好（产生的蜂王物质多、产的卵多）和工蜂负担重时不易发生分蜂，反之则易发生自然分蜂。

①新蜜蜂王国的诞生：晴朗天气的 10～15 时，侦察蜂在巢脾上即时奔跑舞蹈，发出分蜂信号，准备分蜂的蜜蜂异常兴奋，吃喝蜂蜜，之后匆忙冲出巢门，先是在巢门前低空盘旋，接着出巢蜂越来越多，蜂王爬出巢门飞向空中，接着大队蜜蜂如决堤之水，蜂拥而出。它们在蜂场上空盘旋，跳着浩大的分蜂群舞，发出的嗡嗡声响彻整个蜂场，形成蜂群繁殖的大合唱。不一会，分出的蜜蜂便在附近的树杈或其他适合的地方聚集成分蜂团（图 2-27）。

图 2-27　分蜂团

（司栓保　摄）

通常分蜂团会停留 2～3 小时，其间，侦察蜂在分蜂团表面卖力地表演舞蹈，向追随者诉说新巢穴的方向和距离，通过舞蹈比赛，得到更多的蜜蜂认同。然后，蜂群结队随侦察蜂投奔新的蜂巢，吃饱喝足的蜜蜂在低空形成一朵生命的"蜂云"缓慢前进。蜜蜂飞抵新巢穴，一部分工蜂高翘腹部，发出臭味招引同伴，随着蜂王的进入，蜜蜂便像雨点一样降落下来，涌进巢门。进驻新巢穴后，工蜂即开始泌蜡造脾，采集蜂群生活所需的食粮。一个生机勃勃的新的蜜蜂王国诞生，新的团体生活从此开始。

②老蜂群重建家园：约有一半的工蜂跟随老蜂王迁居新址，剩下的工蜂悉心守卫着孕育未来王后的皇宫（王台），耐心地等待新蜂王的诞生，并期待着新蜂王加冕成功。至此，由老蜂王飞离家园到新蜂王交配产卵，才算完成一个新生命的诞生。

# 三、蜜蜂品种与改良

**目标**　● 熟悉蜜蜂的品种及特点
　　　　　● 掌握蜜蜂良种繁育技术

## （一）蜜蜂品种及特点

### 蜜蜂的种类

　　蜜蜂在分类学上属于昆虫纲（Insecta）、膜翅目（Hymenoptera）、蜜蜂科（Apidae）、蜜蜂属（*Apis*）。蜜蜂属有 7 个种（表 3-1），根据进化程度和酶谱分析，以西方蜜蜂最为高级，东方蜜蜂次之，黑小蜜蜂最低（图 3-1）。

表 3-1　蜜蜂属下的 7 个种

| 种　名 | 拉丁名 | 命名人 | 命名时间 |
|--------|--------|--------|----------|
| 西方蜜蜂 | *Apis mellifera* | Linnaeus | 1758 |
| 小　蜜　蜂 | *A. florea* | Fabricius | 1787 |
| 大　蜜　蜂 | *A. dorsata* | Fabricius | 1793 |
| 东方蜜蜂 | *A. cerana* | Fabricius | 1793 |
| 黑小蜜蜂 | *A. andreniformis* | Smith | 1858 |
| 黑大蜜蜂 | *A. laboriosa* | Smith | 1871 |
| 沙　巴　蜂 | *A. koschevnikovi* | Buttel-Reepeen | 1906 |

### 野生蜜蜂种

　　沙巴蜂又称红色蜜蜂（图 3-2），生长在加里曼丹岛和斯里兰

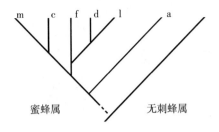

图 3-1 蜜蜂属 6 个种的亲缘关系（酶谱分析）

蜜蜂属 *Apis*　无刺蜂属 *Trigona*

a. 黑小蜜蜂 *andreniformis*　f. 小蜜蜂 *florea*　c. 东方蜜蜂 *cerana*

l. 黑大蜜蜂 *laboriosa*　d. 大蜜蜂 *dorsata*　m. 西方蜜蜂 *mellifera*

卡，目前少数用椰筒饲养，多数野生。小蜜蜂、黑小蜜蜂、大蜜蜂和黑大蜜蜂都处于野生状态，是宝贵的蜂种资源，除猎取一定数量的蜂蜜和蜂蜡外，对植物授粉、维持生态平衡具有重要贡献。野生蜜蜂的护脾能力强，在蜜源丰富季节，性情温顺；蜜源缺少时期，性凶暴。为适应环境和生存有迁移的习性，其生存概况见表 3-2。

图 3-2 沙巴蜂

（引自 M. Ono）

**表 3-2　野生蜜蜂种群概况**

| | 小蜜蜂 | 黑小蜜蜂 | 大蜜蜂 | 黑大蜜蜂 |
|---|---|---|---|---|
| 俗名 | | 小草蜂 | 排蜂 | 雪山蜜蜂及岩蜂 |
| 分布 | 云南境内北纬26°40′以南的广大地区，广西南部的龙州、上思等地 | 云南西南部 | 云南南部、金沙江河谷和海南岛、广西南部 | 喜马拉雅山脉、横断山脉地区和怒江、澜沧江流域，包括我国云南西南部和东南部、西藏南部 |
| 习性 | 栖息在海拔1 900米以下的草丛或灌木丛中，露天营单一巢脾的蜂巢，总面积225～900厘米²，群势可达万只蜜蜂 | 生活在海拔1 000米以下的小乔木上，露天营单一巢脾的蜂巢，总面积177～334厘米² | 露天筑造单一巢脾的蜂巢，在树上或悬崖下常数群或数十群相邻筑巢，形成群落聚居。巢脾长0.5～1.0米、宽0.3～0.7米 | 在海拔1 000～3 500米活动，露天筑造单一巢脾的蜂巢，附于悬岩。巢脾长0.8～1.5米、宽0.5～0.95米。常多群在一处筑巢，形成群落。攻击性强 |
| 价值 | 猎取蜂蜜1千克，可用于授粉 | 割脾取蜜，每群每次获蜜0.5千克，每年采收2～3次。是热带经济作物的重要传粉昆虫 | 是砂仁、向日葵、油菜等作物和药材的重要授粉者。每年每群可获取蜂蜜25～40千克和一批蜂蜡 | 每年秋末冬初，每群黑大蜜蜂可猎取蜂蜜20～40千克和大量蜂蜡；同时，大蜜蜂是多种植物的授粉者 |

## ▶ 饲养的品种

我国主要饲养中华蜜蜂和意大利蜂，少量卡尼鄂拉蜂和高加索蜂，欧洲黑蜂至今未引进。另外，还有东北黑蜂、伊犁黑蜂和王浆高产蜂种等。

（1）中华蜜蜂（*A. c. cerana*）　原产于中国，简称中蜂，以定地饲养为主，有活框饲养的，也有桶养和窑养的。

①形态特征：体型中等，工蜂体长9.5～13毫米，在热带、亚热带其腹部以黄色为主，温带或高寒山区的品种多为黑色。蜂王体色有黑色和棕色两种；雄蜂体黑色（图3-3）。

图 3-3　无框蜂箱饲养中蜂
（张中印　摄）

②生活习性：野生状态下，蜂群栖息在岩洞、树洞等隐蔽场所，复脾穴居。雄蜂巢房封盖像斗笠，中央有 1 个小孔，暴露出茧衣。蜂王每昼夜产卵 900 粒左右，群势在 1.5 万～3.5 万只，产卵有规律，饲料消耗少。工蜂采集半径 1～2 千米，飞行敏捷。工蜂在巢穴口扇风头向外，把风鼓进蜂巢。中蜂嗅觉灵敏，早出晚归，每天采集时间比意蜂多 1～3 小时，比较稳产。个体耐寒力强，能采集冬季蜜源，如南方冬季的桂花、枇杷等。蜜房封盖为干性。

中蜂分蜂性强，多数不易维持大群，常因环境差、缺饲料和受病敌危害而举群迁徙。抗大蜂螨、小蜂螨、白垩病和美洲幼虫病，易被蜡螟为害，在春秋易感染囊状幼虫病。不采胶。

③分布：主要生活在山区和中国南方。

④经济价值：每群每年可采蜜 10～50 千克，授粉效果显著。

（2）意大利蜂（*A. m. ligustica* Spinola，1806）　原产于地中海中部意大利的亚平宁半岛，属黄色蜂种，简称意蜂。活框饲养，适于追花夺蜜，突击利用南北四季蜜源。

①形态特征：工蜂体长 12～13 毫米，毛色淡黄。蜂王颜色为橘黄至淡棕色。雄蜂腹部背板颜色为金黄色有黑斑，其毛色淡黄。

②生活习性：意蜂性情温和，不怕光。蜂王每昼夜产卵 1 800

粒左右，子脾面积大，雄蜂封盖似馒头状。春季育虫早，夏季群势强。善于采集持续时间长的大蜜源，在蜜源条件差时，易出现食物短缺现象。泌蜡力强，造脾快。泌浆能力强，善采集、贮存大量花粉。蜜房封盖为中间型，蜜盖洁白。分蜂性弱，易维持大群。盗力强，卫巢力也强。耐寒性一般，以强群的形式越冬，越冬饲料消耗大。工蜂采集半径2.5千米，在巢穴口扇风头朝内，把蜂巢内的空气抽出来。具采胶性能。在我国意蜂常见的疾病有美洲幼虫腐臭病、欧洲幼虫腐臭病、白垩病、孢子虫病、麻痹病等，抗螨力差。

③分布：我国广泛饲养，约占西方蜜蜂饲养量的80%。

④经济价值：在刺槐、椴树、荆条、油菜、荔枝、紫云英等主要蜜源花期中，1个生产群日采蜜5千克左右，1个花期采蜜超过50千克，全年生产蜂蜜可达150千克。一个强群3天（1个产浆周期）生产王浆70克左右，年群产王浆量约2千克；在优良的粉蜜源场地，一个管理得法的蜂场，群日收集花粉高达2 300克。另外，意蜂还适合生产蜂胶、蜂蛹以及蜂毒等。

（3）欧洲黑蜂（*A. m. mellifera* Linnaeus, 1758）　简称黑蜂，原产阿尔卑斯山以西和以北的广大欧洲地区。

①形态特征：欧洲黑蜂个体大，腹部宽，背板、几丁质呈均一的黑色。工蜂体长12～15毫米，腹部粗壮。

②生活习性：欧洲黑蜂性情凶暴，怕光，开箱检查时爱蜇人。蜂王产卵力强，蜂群哺育力差，春季发展平缓，夏、秋季群势强。采集勤奋，节约饲料，善于采集流蜜期长的大蜜源，在蜜源条件差时，较其他蜜蜂勤俭。泌蜡造脾能力较强，蜜房封盖为干型或中间型。采集利用蜂胶较多。定向力强，不易迷巢，卫巢力差。耐寒性强，以强群的形式越冬，越冬饲料消耗少。易感染幼虫病和遭受巢虫为害，抗孢子虫病和抗甘露蜜中毒的能力强于其他蜂种。

③分布：我国未引进。

④经济价值：欧洲黑蜂可用于蜂蜜生产，是较好的育种（杂交）素材。

（4）卡尼鄂拉蜂（*A. m. carnica* Pollmann, 1879）　简称卡

蜂，原产于阿尔卑斯山南部和巴尔干半岛北部的多瑙河流域。

①形态：卡蜂腹部细长，几丁质为黑色。工蜂绒毛灰至棕灰色。蜂王腹部背板为棕色，背板后缘有黄色带。雄蜂为黑色或灰褐色。

②生活习性：卡蜂性情温和，不怕光，提出巢脾时蜜蜂安静。春季群势发展快，夏季高温繁殖差，秋季繁殖下降快，冬季群势小。善于采集春季和初夏的早期蜜源，能利用零星蜜源，节省饲料。泌蜡能力一般，蜜房封盖为干型，蜜盖白色。分蜂性强，不易维持大群。抗螨力弱，抗病力与意蜂相似。

③分布：我国约有 10%的蜂群为卡蜂，转地饲养。

④经济价值：卡蜂蜂蜜产量高，但泌浆能力差。

（5）高加索蜂（*A. m. caucasica* Gorbachev, 1916）　简称高蜂，原产于高加索中部的高山谷地。

①外部形态：高蜂几丁质为黑色。灰色高蜂蜂王黑色。雄蜂胸部绒毛为黑色。工蜂体长12～13毫米。

②生活习性：高蜂性情温顺，不怕光，提出巢脾时蜜蜂安静。蜂王产卵力较弱，工蜂育虫积极，春季群势发展平稳缓慢，夏季群势较大，常出现蜂王自然交替现象。善于利用较小而持续时间较长的蜜源。采集勤奋，节省饲料。泌蜡造脾能力一般，爱造赘脾。蜜房封盖为湿型，色暗。采胶性能好，盗性强。易遭受甘露蜜毒害和易感染孢子虫病。

③分布：我国少量饲养。

④经济价值：高加索蜂采蜜能力比欧洲黑蜂强，蜂胶产量高。

（6）东北黑蜂　具有黑蜂、卡蜂血统的杂交类型，集中分布在黑龙江省东部的饶河、虎林一带。

①形态：东北黑蜂的蜂王有两种类型：一是全部为黑色，另一种是腹部第1～5节背板有褐色的环纹，两种类型蜂王的绒毛都呈黄褐色。雄蜂体黑色。工蜂几丁质全部为黑色，或第2～3腹节背板两侧有较小的黄斑，胸部背板上的绒毛呈黄褐色。工蜂体长12～13毫米。

②生活习性：东北黑蜂不怕光，提出巢脾时蜜蜂安静，蜂王照常产卵，较爱蜇人。蜂王日产卵量 950 粒左右，产卵整齐、集中。春季育虫早，蜂群发展较快，分蜂性较弱，夏季群势可达 14 框蜂。采集力强，善于采集流蜜量大的蜜源，能利用早春和晚秋的零星蜜源，对长花管的蜜源利用较差。节省饲料。蜜房封盖为中间型，蜜盖常一边呈深色（褐色），另一边呈黄白色。采胶少或不采胶。耐寒性强，越冬良好。较抗幼虫病，易患麻痹病和孢子虫病。

③分布：饶河、虎林和宝青三县为东北黑蜂保护区，现有东北黑蜂原种群 3 000 群。

④经济价值：东北黑蜂在 1977 年椴树流蜜期曾有群产蜂蜜 500 千克的记录。另外，东北黑蜂杂种一代适应性强，增产显著，是一个很好的育种素材。

（7）伊犁黑蜂　伊犁黑蜂原称新疆黑蜂，是欧洲黑蜂的一个品系。

①形态：蜂王有纯黑和棕黑两种。雄蜂黑色。原始群的工蜂，几丁质均为棕黑色，绒毛为棕灰色。

②生活习性：伊犁黑蜂怕光，提巢脾检查时蜜蜂骚动，性情凶暴，爱蜇人。蜂王每昼夜平均产卵 1 181 粒，最高曾达 2 680 粒，产卵集中成片，虫龄整齐。育虫节律波动大，春季育虫早，夏季群势达 13～15 框蜂，6 框子时便开始筑造王台准备分蜂。采集力强，勤奋，早出晚归，善于利用零星蜜源，主要蜜源花期采集更加积极。泌蜡力强，造脾快，喜造赘脾。泌浆能力一般，蜜房封盖为中间型。采集利用蜂胶比意蜂多。耐寒性强，越冬性好，比卡蜂更耐寒和节省饲料。伊犁黑蜂抗病力和抗大蜂螨能力强，在新疆还未发现有小蜂螨和蜡螟寄生。

③分布：新疆伊犁、塔城、阿勒泰、新源、特克斯、尼勒克、昭苏、巩留、伊宁和布尔津等地，伊犁哈萨克自治州约有黑蜂 18 000 群，全新疆有黑蜂 25 000 群左右。天山南侧西至霍城县玉台、东至和静县巴伦台为伊犁黑蜂保护区。

④经济价值：在新疆正常年景，每群平均生产蜂蜜 80～100 千

克，最高产量超过 250 千克。

（8）**王浆高产品系** 浙江浆蜂为我国对意蜂进行定向选育形成的王浆高产蜂种，主要包括浙农大 1 号意蜂、萧山浆蜂、平湖浆蜂等多个类型。

①形态：黄色蜂种，雄蜂腹末体毛长而齐。

②特点：温驯，王浆产量高。

在蜜蜂活动季节如不生产蜂王浆，易发生分蜂。饲料消耗大，小蜜源时易缺饲料。易发生盗蜂，易生白垩病。

③分布：在我国东部地区大量使用。

④经济价值：经过选育的优良品系，蜂群年产浆量，定地蜂场，一个强群 3 天（1 个产王浆周期）生产王浆超过 300 克，年群产王浆量 12 千克；转地蜂场每群每年生产蜂王浆 6～8 千克。也用于生产蜂花粉、蜂蜜。

# （二）蜂种的系统选育

一个养蜂场，经过对蜂群长期的定向选择，或经过引进优良种蜂王进行杂交，可增强蜂群的生产能力和抗病能力，提高产品质量。

## ➤ 引种与选种

将国内外的优良蜜蜂品种、品系或类型引入本地，经严格考察后，对适应当地的良种进行推广。如意蜂和卡蜂引入我国后，在很多地区直接用于养蜂生产或作为育种素材，提高了产量。

（1）**引种** 可采用引（买）进蜂群、蜂王、卵、虫等方式。蜜蜂引种多以引进蜂王为主，诱入蜂群 50 天后，其子代工蜂基本取代了原群工蜂，就可以对该蜂种进行考察、鉴定。

养蜂场从种王场购买的父母代蜂王有纯种，也有单交种、三交种或双交种，可作种用。繁殖的下一代可直接投入生产，但不宜再作种用。

（2）**选种** 在我国养蜂生产中，多采取个体选择和家系内选择的方式，在蜂场中选出种用群生产蜂王。

例如，在图 3-4 中，5 个家系的 a、b、c……x、y 25 群蜂中，选出 10 群作为种用群，用家系内选择是 a、b、f、g、k、l、p、q、u、v，用个体选择是 f、u、v、g、a、h、w、x、b、i，用家系选择是 f、g、h、i、j、u、v、w、x、y。

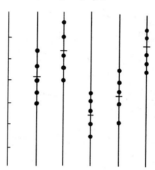

图 3-4　5 个家系蜂群的性状分布
● 个体性状值；一家系性状平均值
（引自邵瑞宜）

①个体选择：在一定数量的蜂群中，将某一性状表现最好的蜂群保留下来，作为种群培育处女王和种用雄蜂。在子代蜂群中继续选择，使这一性状不断加强，就可能选育出该性状突出的良种。个体选择适用于对遗传力高的性状进行选择。

②家系内选择：从每个家系中选出超过该家系性状表型平均值的蜂群作为种用群，适用于家系间表型相关较大、性状遗传力很低的情况。这种选择方法可以减少近交的机会。

### ▶ 蜂种的杂交

蜜蜂杂交后子代的生活力、生产性能等方面往往超过双亲，是迅速提高产量和改良种性的捷径。获得蜜蜂杂交优势，首先要对杂交亲本进行选优提纯（见选种）和选择合适的杂交组合，以及遴选适合杂交优势表现的环境。蜜蜂杂交组合通常有单交、双交、三交、回交和混交等几种形式。以 E 表示意蜂，K 表示卡蜂，G 表示高蜂，O 表示欧洲黑蜂，♀ 表示蜂王，♂ 表示雄蜂，× 表示杂交，♀ 表示工蜂，简介如下。

（1）单交　用一个品种的纯种处女王与另一个品种的纯种雄蜂交配，产生单交王。由单交王产生的雄蜂，是与蜂王同一个品种的纯种，产生的工蜂或子代蜂王是具有双亲基因的第一代杂种（图 3-5）。由第一代杂种工蜂和单交王组成单交种蜂群，因蜂王和雄蜂均为纯种，它们不具杂种优势，但工蜂是杂种一代，具有杂种优势。

$$KK(♀) × E(♂)$$
$$K(♂) \quad K·E(♀)$$

图 3-5　工蜂含卡蜂和意蜂基因各 50％
　　　　的单交种群

（2）三交　用一个单交种蜂群培育的处女王与 1 个不含单交种血缘的纯种雄蜂交配，产生三交王，但其蜂王本身仍是单交种，后代雄蜂与母亲蜂王一样，也为单交种，而工蜂和子代蜂王为含有三个蜂种血统的三交种（图 3-6）。三交种蜂群中的蜂王和工蜂均为杂种，均能表现杂种优势，所以三交种后代所表现的总体优势比单交种好。

$$KK(♀) × E(♂)$$
$$KE(♀) × G(♂)$$
$$KE(♂) \quad KE·G(♀)$$

图 3-6　卡、意杂种蜂王与高蜂雄蜂交配形成
　　　　三交种群

（3）双交　一个单交种培育的处女王与另一个单交种培育的雄蜂交配称为双交。双交后的蜂王所组成的蜂群，蜂王仍为单交种，含有两个种的基因，产生的雄蜂与蜂王一样也是单交种；工蜂和子代蜂王含有 4 个蜂种的基因（图 3-7），为双交种。由双交种工蜂组成的蜂群为双交群，能产生较大的杂种优势。

（4）回交　采用单交种的处女王与父代雄蜂杂交，或单交种雄

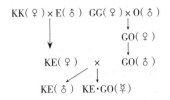

图 3-7　工蜂含有 4 个蜂种基因的双交种群

蜂与母代处女王杂交称回交，其子代称回交种。回交育种的目的是增加杂种中某一亲本的遗传成分，改善后代蜂群性状（图 3-8）。

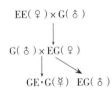

图 3-8　工蜂具有 2/3 父系基因的回交种群

# （三）蜂种改良和增殖

蜂种改良主要是针对蜂场的具体情况，采取引进、选择、杂交等育种手段，通过培育蜂王，更新原有蜂王，以达到提高产量、改善品质和增强抗病能力的目的。实际上，我们养蜂人每年育王和换王都是在做这项工作。通过育王分蜂扩大经营。

## ➤ 遴选种群

蜜蜂的性状受父本和母本的影响，育王之前选择父群培育雄蜂，遴选母群培育良种幼虫，挑选正常的强群哺育蜂王幼虫，三者同等重要。种群可以在蜂场中挑选，也可以引进。具体方法如下。

（1）种用父群的选择和雄蜂的培育

①父群的选择：将繁殖快、分蜂性弱、抗逆力强、盗性小、温驯、采集力强和其他生产性能突出的蜂群，挑选出来培育种用雄蜂。父群数量一般以购进的种王群或蜂群数量的 10% 为宜，培养处女王数量 80 倍以上的健康适龄雄蜂。选择方法见"选种"。种用

父群的群势，意蜂不低于13框足蜂。

②雄蜂的培育：首先采用工蜂和雄蜂组合巢础（图3-9）镶装在巢框上，筑造新的专用育王雄蜂脾，或割除旧脾的上部，让蜜蜂筑造雄蜂房。然后用隔王栅或蜂王产卵控制器引导蜂王于计划的时间内在雄蜂房中产卵。

图3-9　工蜂和雄蜂组合巢础
（引自Browm）

③父群的管理：蜂巢内蜜蜂稠密，蜂脾比不低于1.2∶1，适当放宽雄蜂脾两侧的蜂路。保持蜂群饲料充足，在蜂王产雄蜂卵时开始奖励饲喂，直到育王工作结束。

（2）种用母群的选择和幼虫的获得

①母群的选择：通过全年的生产实践，全面考察母群种性和生产性能，侧重于繁殖力强、分蜂性弱、能维持强群以及具有稳定特征和突出的生产性能。

②母群的组织：蜂群应有充足的蜜粉饲料和良好的保暖措施。在移虫前1周，将蜂王限制在巢箱中部充满蜂儿和蜜粉的3张巢脾的空间，在移虫前4天，用1张适合产卵和移虫的黄褐色带蜜粉的巢脾将其中1张巢脾置换出来，供蜂王产卵。

（3）幼王哺育群的选择和组织管理

①选择幼王哺育群：挑选有13框蜂以上的高产、健康强群，各型和各龄蜜蜂比例合理，巢内蜜粉充足。

②组织幼王哺育群：在移虫前1～2天，先用隔王板将蜂巢隔

成两区，一区为供蜂王产卵的繁殖区，另一区为幼王哺养区，养王框置于哺养区中间，两侧置放小幼虫脾和蜜粉脾。

③管理幼王哺育群：哺育群以适当蜂多于脾为宜，在组织后的第7天检查，除去所有自然王台。每天傍晚喂0.5千克的糖浆，直喂到王台全部封盖。在低温季节育王应做好保暖工作，高温季节育王则需进行遮阳降温。

## ▶ 人工育王

人工育王，须制订计划，认真选择种王群，精心组合。

（1）育王时间　一年中第一次大批育王时间应与所在地第一个主要蜜源泌蜜期相吻合。例如，在河南省养蜂（或放蜂），采取油菜花开花盛期育王，末期更换蜂王，蜂群在刺槐开花时新王产子。而最后一次集中育王应与防治蜂螨和培养越冬蜂相结合，可选在最后一个主要蜜源前期，泌蜜盛期组织交配蜂群，花期结束，新王产卵，防治蜂螨后开始繁殖越冬蜂。其他时间保持蜂场总群数5%的养王（交配）群，坚持不间断地育王，及时更换劣质蜂王或分蜂。

（2）工作程序　在确定了每年的用王时间后，依据蜂王生长发育历期和交配产卵时间，安排育王工作，见表3-3。

表3-3　人工育王工作程序

| 工作程序 | 时间安排 | 备　注 |
| --- | --- | --- |
| 确定父群 | 培育雄蜂前1～3天 | |
| 培育雄蜂 | 复移虫前15～30天 | |
| 确定、管理母群 | 复移虫前7天 | |
| 培育养王幼虫 | 复移虫前4天 | 移12小时龄其他健康蜂群的幼虫（数量为120%） |
| 初次移虫 | 复移虫前1天 | |
| 复移幼虫 | 初次移虫后12～24小时 | 移24小时内龄养王幼虫 |
| 组织交配蜂群 | 复移虫后9天 | 亦可分蜂（数量为120%） |
| 分配王台 | 复移虫后10天 | |

(续)

| 工作程序 | 时间安排 | 备 注 |
|---|---|---|
| 蜂王羽化 | 复移虫后 12 天 | |
| 蜂王交配 | 羽化后 8～9 天 | |
| 新王产卵 | 交配后 2～3 天 | |
| 提交蜂王 | 产卵后 2～7 天 | |

（3）育王记录  人工育王是一项很重要的工作，应将育王过程和采取的措施详细记录存档（表3-4），以提高育王质量和备查。

表 3-4  人工育王记录表

| 父系 | | | 母系 | | 育王群 | | | 移虫 | | | | | | 交配群 | | | | 完成日期 |
|---|---|---|---|---|---|---|---|---|---|---|---|---|---|---|---|---|---|---|
| 品种 | 蜂王编号 | 育雄日期 | 品种 | 蜂王编号 | 品种 | 群号 | 组织日期 | 移虫方式 | 日期 | 时刻 | 移虫数量 | 接受数量 | 封盖日期 | 组织日期 | 分配台数 | 羽化数量 | 新王数量 | |
| | | | | | | | | | | | | | | | | | | |

（4）操作规程

①制造蜡质台基：人工育王宜用蜡质台基。先将蜡棒置于冷水中浸泡半小时，选用蜜盖蜡放入熔蜡罐内（罐中可事先加少量水）加热，待蜂蜡完全熔化后，把熔蜡罐置于约75℃的热水中保温，除去浮沫。然后，甩掉蜡棒上水珠并垂直浸入蜡液7毫米处，立即提出，稍停片刻再浸入蜡液中，如此2～3次，浸入的深度一次比一次浅。最后把蜡棒插入冷水中，提起，用左手食指、拇指压、旋，将蜡台基卸下备用（图3-10）。

②粘装蜂蜡台基：取1根筷子，端部与右手食指夹持蜂蜡台基，并使蜡台基端部沾少量蜡液，垂直地粘在台基条上，每条10个为宜（图3-11）。

③修补蜂蜡台基：将粘装好的蜂蜡台基条装进育王框中，再置于哺育群中3～4小时，让工蜂修正蜂蜡台基近似自然台基，即可提出备用（图3-12）。

④移虫：从种用母群中提出1日龄内的虫脾，左手握住框耳，

图 3-10　制造蜡质台基

（张中印　摄）

图 3-11　粘装蜂蜡台基

（张中印　摄）

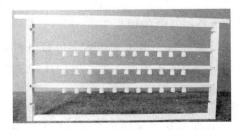

图 3-12　移好蜂王幼虫的养王框

（张中印　摄）

轻轻抖动，使蜜蜂跌落箱中，再用蜂扫于巢门前扫落余蜂。虫脾平放在木盒中或隔板上，使光线照到脾面上，再将育王框置于其上，转动待移虫的台基条使其台基口向上斜，其他台基条的蜡台基口朝向里。

选择巢房底部王浆充足、有光泽、孵化 12～18 小时的工蜂幼虫房（图 3-13 左），将移虫针的舌端沿巢房壁插入房底，从王浆底部越过幼虫，顺房口提出移虫针，带回幼虫，将移虫针端部送至蜡台基底部，推动推杆，移虫舌将幼虫推向台基的底部，退出移虫针（图 3-13 右）。

图 3-13　寻找幼虫和移虫针的正确用法
（张中印　摄）

移虫结束，立即将育王框放进哺育群中。

（5）交配群的组织　交配场地须开阔，蜂箱置于地形地物明显处（图 3-14，图 3-15）。在蜂箱前壁涂上黄、绿、蓝、紫等颜色（图 3-16），帮助蜜蜂和处女王辨认巢穴，蜂箱附近的单株小灌木和单株大草等，都能作为交配箱的自然标记。

①原蜂群作交配群：多数与防治蜂螨或生产蜂蜜时的断子措施相结合，须在介绍王台的前 1 天下午提出原群蜂王，第 2 天介绍王台。

图 3-14　交配群的放置 1——分散排列

（引自 Free）

图 3-15　交配群的放置 2——整齐排列

（引自 Rodionov）

图 3-16　育王场

（薛运波　摄）

在分区管理中,用闸板把巢箱分隔为较大的繁殖区和较小的、巢门开在侧面的处女王交配区,并用覆布盖在框梁上,与繁殖区隔绝。在交配区放1框粉蜜脾和1框老子脾,蜂数2脾,第2天介绍王台。

②1分4交配群:在介绍王台前1天的午后进行,蜂巢用闸板隔成4区,覆布置于副盖下方使之相互隔断,每区放2张标准巢脾,东西南北方向分别开巢门。从强群中提取所需要的子、粉、蜜脾和工蜂,以5 000只蜜蜂为宜。除去自然王台后分配到各专门的交配区中,并多分配一些幼蜂,使蜂多于脾。这个方法适合处女王就地交配。

(6)介绍王台 移虫后第10天或第11天为介绍王台时间,两人配合,从哺育群提出育王框,不抖蜂,必要时用蜂刷扫落框上的蜜蜂。一人用薄刀片紧靠王台条面割下王台,一人将王台镶嵌在蜂巢中间巢脾下角空隙处。在操作过程中,防止王台冻伤、震动、倒置或侧放。

(7)交配群的管理

①检查时间:介绍王台前开箱检查交配群中有无王台、蜂王,3天后检查处女蜂王羽化情况和质量;处女蜂王羽化后6~10天,在上午10时前或下午5时后检查处女王交配或丢失与否,羽化后12~13天检查新王产卵情况,若气候、蜜源、雄蜂等条件都正常,应将还未产卵或产卵不正常的蜂王淘汰。

②管理措施:严防盗蜂,气温较低时对交配群进行保暖处置,高温季节做好通风遮阳工作,傍晚对交配群进行奖励饲喂,促进处女蜂王提早交配。

### ▶ 提交蜂王

在新蜂王将卵产满巢脾或专用交配箱群新王已产卵时,将质量合格的蜂王及时交付生产蜂群或繁殖蜂群,及时淘汰劣质蜂王。

(1)蜂王的质量 优质蜂王产卵量大、控制分蜂的能力强,从外观判断,蜂王体大匀称、颜色鲜亮、行动稳健。除遗传因素外,在气候适宜和蜜源丰富的季节，采取种王限产，使用大卵养虫，重复移 12 小时龄幼虫养王，强群限量哺养，保证种王群、哺育群食物优质充足，可培育出优良的蜂王。

（2）蜂王的邮寄　通过购买和交换引进蜂王，需要把蜂王装入邮寄王笼里邮寄，用炼糖作为饲料，正常情况下，路程时间在 1 周左右是安全的（图 3-17，图 3-18）。

图 3-17　蜂王邮寄法 1

王笼一端装炼糖，炼糖上面盖 1 片塑料，另一端塞上脱脂棉，向脱脂棉注入半饮料瓶盖的水。将蜂王和 7 只年轻工蜂装在中间两室，然后套上纱布，再用橡皮筋固定，最后装进牛皮纸信封中，用快递（集中）投寄

（张中印　摄）

（3）蜂王的导入　接到蜂王后，首先打开笼门，放走侍从工蜂，然后关闭笼门。①邮寄笼导入法：将邮寄王笼置于无王群相邻两脾中间（图 3-19），3 天后无工蜂围困王笼时，再放出蜂王。②竹丝笼导入法：也可将蜂王装进竹丝王笼中，用报纸裹 2～3 层，在笼门一侧用针刺出多个小孔，然后抽出笼门的竹丝，并在王笼上下孔注入几滴蜂蜜，最后将王笼挂在无王群的框耳上（图 3-20 至图 3-25），3 天后取出王笼。

图 3-18 蜂王邮寄法 2

王笼两侧凿开 2 毫米宽的缝隙，深与蜜蜂活动室相通，一端装炼糖，炼糖上部覆盖一片塑料，中间和另一端装蜂王和 6～7 只年轻工蜂，然后用铁纱网和订书钉封闭，再数个并列，用胶带捆绑四周，留侧面透气，最后固定在有穿孔的快递盒中邮寄

（张中印 摄）

图 3-19 导入蜂王

先将王笼中的工蜂放出，再将王笼贮备炼糖的一端朝上，置于无王群中相邻两巢脾框耳处，3 天后检查，如果工蜂不围攻王笼，即可放出蜂王

（张中印 摄）

图 3-20　介绍蜂王——准备
（张中印　摄）

图 3-21　将蜂王单独装笼
（张中印　摄）

图 3-22　报纸包裹王笼
（张中印　摄）

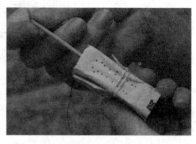

图 3-23　打开"笼门"
（张中印　摄）

图 3-24　"笼门"涂蜜
（张中印　摄）

图 3-25　置王笼于两框耳间
（张中印　摄）

　　（4）解救被围蜂王　放出蜂王后，如果发现工蜂围王，应将围王蜂团置于温水中，待蜜蜂散开，找出蜂王。如果蜂王没有死亡或受伤，就采取更加安全的方法再次将其导入蜂群。

# 四、意蜂群的管理

**目标**
● 掌握蜂群检查、运输和上础造脾、喂蜂技术
● 熟悉蜂群生长、增殖和越冬、度夏措施

## （一）建立蜂场

### ▶ 获得蜂群

养蜂伊始，获得蜂群的方法有购买和狩猎，平原地区以购买为主，山区多数猎获野蜂。平原地带或转地放蜂宜饲养西方蜜蜂，山区适合中蜂的发展。

（1）诱捕野蜂群　在分蜂季节，将蜂箱置于野生蜂群多且朝阳的半山坡上，内置镶嵌好的巢础框，飞出来的野生蜂群就会住进去。然后将有蜂的蜂箱搬到合适的地方饲养或就地饲养（图4-1）。

图4-1　搜捕野生蜂群——设置诱饵蜂箱

（张中印　摄）

（2）捕捉分蜂团 在蜂群周年生活中，分蜂繁殖是其自然规律。蜂群飞出蜂巢后不久便在蜂场附近的树杈或屋檐下结团，2～3小时后便举群飞走。在蜂群结团后和离开前，最有利于抓捕。

在抓捕之前，先准备好蜂箱，摆放在合适的地方，内置1张有蜜有粉的子脾，两侧放2张巢础框。捕捉分蜂团的方法有多种，如图4-2至图4-5所示，应根据情况灵活选用。

图4-2　结团在高大树杈上的蜜蜂

用捕蜂网套装分蜂团，然后拉紧绳索，堵住网口，撤回后抖入事前准备好的蜂箱中

（朱志强　摄）

（3）购买蜂群 向高产稳产无病的蜂场购买蜂群。

①挑选蜂群：挑选蜂群

图4-3　跑到树枝上的一群蜜蜂

左手握住蜂团上方的树枝，

右手持剪剪断树枝，提回抖落于蜂箱中

（张中印　摄）

图 4-4　待在树干上的一群蜜蜂

用较厚的纸卷个 V 形纸筒舀蜂入箱

（朱志强　摄）

图 4-5　收捕低处的分蜂团

1. 结在低处小树枝上的蜂团　2. 把蜂箱置于蜂团下

3.压低树枝使蜂团接近蜂箱　4. 抖蜂入箱

（张中印　摄）

应在晴暖天气的中午到蜂场观察，所购蜂群要求蜂多而飞行有力有序，蜂声明显，工蜂健康，有大量花粉带回；巢前无爬蜂、酸和腥臭气味、石灰子样蜂尸等病态，然后再打开蜂箱进一步挑选。

◆ 蜂王　颜色新鲜，体大胸宽，腹部秀长丰满，行动稳健，产卵时腹部伸缩灵敏，动作迅速，提脾安稳，产卵不停。

◆ 工蜂　个大体壮，健康无病，新蜂多、色一致，性情温顺，开箱时安静、不扑人、不乱爬，体色一致。

◆ 子脾　面积大，封盖子整齐成片（图 4-6）、无花子、无白头（图 4-7）蛹和白垩病等病态，子脾占总脾数的一半以上；幼虫色白、晶亮、饱满。

图 4-6　正常的封盖子脾

（张中印　摄）

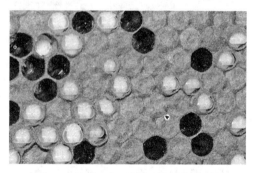

图 4-7　白头蛹（由巢虫、蜂螨引起）

（张中印　摄）

◆ 巢脾　不发黑，雄蜂房少或无，有一定数量的蜜粉。

◆ 蜂箱　坚固严密，尺寸标准。

◆ 群势　早春不小于 2 框足蜂，夏秋季节大于 5 框。

②定价付款：买蜂以群论价，脾是群的基本单位。脾的两面爬满蜜蜂（不重叠、不露脾）为 1 脾蜂，意蜂约 2 400 只，中蜂约 3 000 只。20 世纪末，在河南省正常情况下，早春 1 脾蜂 20～40 元，秋季则 10 元左右。

买蜂也以重量计价（如笼蜂），一般 1 千克约有 10 000 只意大利蜜蜂，约有 12 500 只中华蜜蜂，占 4 个标准巢框。

## 遴选场址

养蜂场是养蜂员生活和饲养蜜蜂的场所。无论是定地养蜂或转地养蜂，都要选一个适宜蜂群和人生活的环境。

（1）蜜源　在养蜂场地周围 2.5 千米半径内，有 1～2 个比较稳产的主要蜜源和交错不断的辅助蜜源，无有害蜜源。

（2）环境　在山区，场址应选在蜜源所在区的南坡下，平原地带选在蜜源的中心或蜜源北面位置。方圆 200 米内的小气候要适宜，如温度、湿度、光照等，避免选在风口、水口、低洼处，要选背风、向阳，冬暖夏凉处，巢门前面开阔，中间有稀疏的树林。水源充足，水质要好，周围环境安静。远离化工厂、糖厂、铁路和有高压线的地方。另外，大气污染的地方（包括污染源的下风向）不得作为放蜂场地。

考虑有无虫、兽、水、火等对人和蜂的潜在威胁。定地蜂场还须有相应的生活用房、生产车间和仓库等（图 4-8），两蜂场之间应相距 2 千米以上。转地放蜂须有帐篷，每到一处，蜜源都要丰富，预防蜜蜂毒害，场地之间可适当密集一些。中华蜜蜂场地要距离意大利蜂场 2.5 千米以上，忌场后建场。

图 4-8　定地蜂场

（引自黄智勇）

蜂场应设在车、船能到达的地方，以方便产品、蜂群的运输。

### ▶ 摆放蜂群

排列蜂群的方式多样，依蜂群数量、场地大小、蜂种和季节等而定，以方便管理、利于生产和不易引起盗蜂为原则。放置蜂群要前低后高，左右平衡，用支架或砖块垫底，使蜂箱脱离地面。

（1）散放　根据地形、树木或管理需要，蜂群散放在四周，或者加大蜂群间的距离排列蜂群，适合交配群、家庭养蜂和中蜂的饲养（图4-9）。

图4-9　散　放

a. Carl Dennis 蜂场单箱单列　b. 东北黑蜂场"一"字形摆放

（引自 Carl Dennis 蜂场；《中国蜂业》）

（2）分组　摆放意大利蜂群等西方蜜蜂，应采取2箱一组排列，前后箱错开或依地形放置（图4-10）；各箱紧靠呈一字形排列，适于冬季摆放蜂群，成排摆放蜂群，每排不宜过长，以防蜂盗；在车站、码头或囿于场地，多按圆形或方形排列。在国外，常见巢门朝向东南西北四个方向的4箱1组的排列方式，蜂箱置于底座上，有利于机械装卸和越冬保暖包装。

图 4-10　转地蜂场分组放置蜂箱，节约场地
a. 两箱 1 组依地形摆放　b. 两箱 1 组依场地大小成排背对背（或门对门）摆放
（张中印　摄）

# （二）检查蜂群

## ▶ 箱外观察

　　根据蜜蜂的生物学特性和养蜂的实践经验，在蜂场和巢门前观察蜜蜂的行为和表现，从而分析和判断蜂群的情况。

　　（1）蜜源与蜂群　在天气晴朗、外界有蜜源时期，工蜂进出巢频繁，说明群强，外界蜜源充足。携带花粉的蜜蜂多，说明蜂王产卵积极，巢内幼虫较多，繁殖好。若见采集蜂出入懈怠，很少带回花粉，说明繁殖差，可能是蜂王质量差或蜂群出现分蜂热。如有工蜂在巢门附近轻轻摇动双翅，来回爬行、焦急不安，是蜂群无王的表现。如果有蜜蜂伺机瞅缝隙钻空子进巢，则为蜜源中断的现象。春季巢门前有黑色或白色石灰子样的蜂尸，是蜂群患了白垩病；夏季巢穴中散发出腥（或）酸臭味，是蜂群患了幼虫腐烂病；冬季巢门前有蜜蜂翅膀，箱内必有鼠。

　　（2）受热的蜂群　生产花粉时，蜜蜂进出巢数量大减，或者卸蜂时打开巢门，蜜蜂趴在箱内外不动，说明蜜蜂已经受闷，应及时给蜜蜂通风。在运蜂途中蜜蜂急躁围堵通风窗，并发出嘶嘶声，散发出刺鼻的气味，此时要捅破通风窗挽救蜂群。

## ▶ 开箱检查

　　打开蜂箱将巢脾依次提出仔细查看，全面了解蜂群的蜂、子、王、脾、蜜、粉和健康与否等情况，在分蜂季节，还要注意观察自然王台和分蜂热现象。开箱检查会使蜂巢温度、湿度发生变化，影响蜂群正常生活，还易发生盗蜂，费工费时。因此，要尽量减少开箱检查次数。

（1）开箱操作程序　见图 4-11。

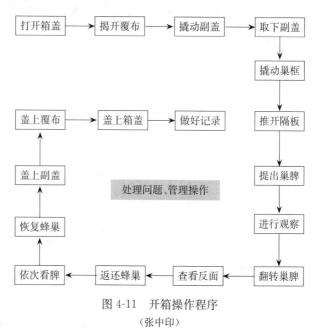

图 4-11　开箱操作程序

（张中印）

（2）开箱操作方法　人站在蜂箱的侧面，先取下箱盖，斜倚在蜂箱后箱壁，揭开覆布，用起刮刀的直刃撬动副盖，取下副盖反搭在巢门踏板前，然后将起刮刀的弯刃依次插入蜂路撬动框耳，推开隔板，用双手拇指和食指紧捏巢脾两侧的框耳，将巢脾水平竖直向上提出，置于蜂箱的正上方。先看正对着的一面，再看另一面（图4-12，图4-13，图4-14）。检查过程中，需要处理的问题应随手解决，检查结束时应将巢脾恢复原状。恢复蜂路时，巢脾与巢脾之间相距 10 毫米左右。最后推上隔板，盖上副盖、覆布和箱盖，然后做记录。

图 4-12　检查蜂群，先看正对的一面
（张中印　摄）

图 4-13　检查蜂群，查看反面
（张中印　摄）

图 4-14　翻转巢脾的方法
（张中印　摄）

在检查继箱群时，首先把箱盖反放在箱后，用起刮刀的直刃撬动继箱，使之与隔王板等松开，然后搬起继箱，横搁在箱盖上。检查完巢箱后，把继箱加上，再检查继箱。

## ▶ 养蜂记录

养蜂记录主要有检查记录、生产记录、天气和蜜源记录、蜂病和防治记录、蜂王基本情况和表现记录、蜂群活动情况和管理措施记录等，系统地做好记录，是总结经验教训，提高养蜂技术和制定工作计划的重要依据，也是蜂产品质量溯源体系建设的组成部分。

蜜蜂数量是蜂群的主要质量标志，常用强、中、弱表达（表4-1）。开箱检查，根据巢脾数量、蜜蜂稀稠估计蜜蜂数量。在繁殖季节，蜂群的子脾数量是群势发展的潜力，在仲春蜂群增殖时期，群势可达到10天增加1倍的发展速度；在夏季1张蛹脾羽化出的蜜蜂所维持的群势，仅相当于春季的1.5框蜂；秋季更少，1脾蛹仅相当于春季的1框蜂，这是夏秋成年蜜蜂寿命短的缘故。

**表4-1　群势强弱对照表**（供参考）

| 蜂种 | 时期 | 强　群 | | 中等群 | | 弱　群 | |
|------|------|--------|--------|--------|--------|--------|--------|
| | | 蜂数 | 子脾数 | 蜂数 | 子脾数 | 蜂数 | 子脾数 |
| 西方蜜蜂 | 早春繁殖期 | >6 | >4 | 4~5 | >3 | <3 | <3 |
| | 夏季强盛期 | >16 | >10 | >10 | >7 | <10 | <7 |
| | 冬前断子期 | >8 | — | 6~7 | — | <5 | — |
| 中华蜜蜂 | 早春繁殖期 | >3 | >2 | >2 | >1 | <1 | <1 |
| | 夏季强盛期 | >10 | >6 | >5 | >3 | <5 | <3 |
| | 冬前断子期 | >4 | — | >3 | — | <3 | — |

### ▶ 预防蜂蜇

开箱是对蜂群的侵犯，招惹工蜂蜇刺是正常的。当蜂群受到外界干扰后，工蜂将蜇针刺入敌体，蜇针连同毒囊一起与蜂体断裂，在蜇针相连器官有节奏的运动下，蜇针继续深入射毒。

（1）蜂蜇引起的炎症　蜂蜇使人疼痛，被蜇部位红肿发痒，面部被蜇还影响美观，有些人对蜂蜇过敏（图4-15），受群蜂攻击，还会发生严重的中毒现象，因此，要注意避免和减少蜂蜇。

（2）被蜇后处置措施　被蜜蜂蜇刺后，首先要冷静，保持心平气和，放好巢脾，然后用指甲反向刮掉蜇针，或者借衣服、箱壁等顺势擦掉蜇针，最后用手遮蔽被蜇部位，到安全的地方用清水冲洗。如果被群蜂围攻，先用双手保护头部，退回屋（棚）中或离开蜂场，等没有蜜蜂围绕时再清除蜇针、清洗创伤，视情况进行下一步的治疗工作。

多数人初次被蜂蜇，局部迅速出现红肿热痛的急性炎症，尤其

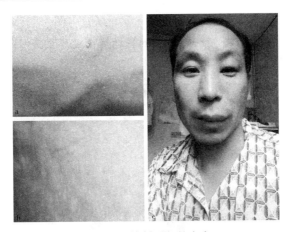

图 4-15 蜂蜇引起的炎症

a. 皮丘 b. 过敏 c. 红肿

（张中印 李长根 摄）

是面部被蜇，反应更为严重，一般 3 天后可自愈。对少数过敏者或中毒者，应及时给予扑尔敏口服或注射肾上腺素，并到医院救治。

（3）预防蜂蜇的办法

①设隔离区：蜂场要设在僻静处，周围设置障碍物，如用栅栏、绳索围绕阻隔，防止无关人员或牲畜进入。在蜂场入口处或明显位置竖立警示牌，以避免事故发生（图 4-16）。

图 4-16 蜂场设立警告标志

（张中印 摄）

②穿戴防护衣帽：操作人员应戴好蜂帽（图 4-17），将袖、裤口扎紧，这对蜂产品生产和蜂群的管理工作是非常必要的，尤其是运输蜂群时的装卸工作，对工作人员的保护更是不可缺少。

图 4-17　正确处理蜜蜂的围攻，穿戴好防护衣帽是必要的

（梁博　李楠楠　摄）

③注意个人行为：检查蜂群时要遵循程序，操作人员应讲究卫生，着白色或浅色衣服，勿带异味，勿对蜜蜂喘粗气和大声说话。要心平气和，准确操作，不挤压蜜蜂，轻拿轻放，不震动碰撞，尽量缩短开箱时间。忌站在箱前阻挡蜂路和穿戴蜜蜂忌恨的黑色毛茸茸的衣裤。

若蜜蜂起飞扑面或绕头盘旋时，应微闭双眼，双手遮住面部或头发，稍停片刻，蜜蜂会自动飞走，忌用手乱拍乱打、摇头或丢脾狂奔逃跑（图 4-18）。若蜜蜂钻进衣袖和裤管内，将其捏死；若钻入鼻孔和头发内，就及时压死；钻入耳朵中可压死，也可等其自动退出。在处死蜜蜂的位置，用清水洗掉异味。

④用烟镇压：开箱前准备好喷烟器（或火香、艾草等发烟的东西），用喷烟驯服好蜇的蜜蜂。

图 4-18　正确处理蜜蜂的围攻，逃跑常常是错误的

# （三）日常管理

## ▶▶ 修造巢脾

　　新脾巢房大，不污染蜂蜜（图 4-19），病虫害也少，培育出的工蜂个头大、身体壮；老脾巢房小，变黑变圆（图 4-20），出生的蜜蜂个体小、易滋生虫病。因此，饲养意蜂要每 2 年更新一次巢脾，饲养中蜂要年年更换巢脾。

图 4-19　新脾巢房
（张中印　摄）

图 4-20　旧脾巢房

（1）上础　包括钉框→打孔→穿线→镶础→埋线五个工序。

①钉框：先用小钉子从上梁的上方将上梁和侧条固定，并在侧条上端用钉加固，最后用钉固定下梁和侧条。用模具固定巢框，可提高效率（图4-21）。钉框应结实、端正，上梁、下梁和侧条须在一个平面上。

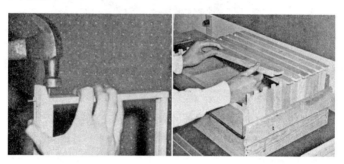

图4-21　钉　框

（引自 Elbert）

②打孔：取出巢框，用量眼尺卡住边条，从量眼尺孔上等距离垂直地在边条上钻3～4个小孔。

③穿线：按图4-22所示，穿上24号铁丝，先将其一头在边条上固定，依次将每根铁丝拉紧，直到使每根铁丝用手弹拨发出清脆之音为止，最后将铁丝的另一头固定。

图4-22　穿　线

（张中印　摄）

④镶础：槽框上梁在下、下梁在上置于桌面。先把巢础的一边插入巢框上梁腹面的槽沟内，巢础左右两边距两侧条2～3毫米，

上边距下梁5～10毫米，然后用熔蜡壶沿槽沟均匀地浇入少许蜂蜡液（图4-23），使巢础粘在框梁上。

图4-23　浇铸蜡液使巢础上沿与础沟粘连
（引自Winter）

⑤埋线：将巢础框平放在埋线板上，从中间开始，用埋线器卡住铁丝滑动或滚动，把每根铁丝埋入巢础中央。埋线时用力要均匀适度，即要把铁丝与巢础粘牢，又要避免压断巢础。

DM-1电热埋线：在巢础下面垫好埋线板，套上巢框，使框线位于巢础的上面。接通电埋线器电源（6～12伏），将1个输出端与框线的一端相连，然后一手持1根比巢框高度略长的小木条轻压上梁和下梁的中部，使框线紧贴础面，一手持埋线电源的另一个输出端与框线的另一端接通。框线通电变热，6～8秒（或视具体情况而定）后断开，烧热的框线将部分础蜡熔化并被蜡液封闭黏合（图4-24）。

图4-24　电热埋线
（引自Winter）

安装的巢础要求平整、牢固，没有断裂、起伏、偏斜的现象，巢础框暂存空箱内备用。

（2）造脾　造脾蜂群须保持蜂多于脾，饲料充足，在外界蜜源缺乏季节，需给蜂群喂糖。在傍晚将巢础框插在边脾的位置，一次加 1 张，加多张时，与原有巢脾间隔放置。

巢础加进蜂群后，第二天检查，对发生变形、扭曲、坠裂和脱线的巢脾，及时抽出淘汰，或加以矫正后将其放入刚产卵的新王群中进行修补（图 4-25）。

图 4-25　修正巢脾

a. 一张合格的新脾　b. 一张扭曲撕裂的新脾

（张中印　摄）

（3）保存　主要蜜源花期结束或自秋末到次年春天，从蜂群中抽出多余的巢脾。抽出的巢脾需妥善保存，防止发霉、积尘、虫蛀、老鼠破坏和盗蜂，贮藏地点要求没有污染，清洁、干燥、严密。

①分类与清洁：除用作饲料脾外，把抽出的巢脾上的蜂蜜摇出，返还蜂群，让蜜蜂舐吸干净，然后再抽出。将旧脾和病脾分别化蜡，能利用的巢脾用起刮刀把框梁上的蜡瘤、蜂胶清理干净，削平巢房，分类装入继箱或放进特设的巢脾贮存室。

②消毒与杀虫：见"七、蜂场疫病综合防控"。

（4）使用　巢脾使用前，置于水中浸泡 24 小时，用摇蜜机甩掉水后，通风晾干再加入蜂巢。繁殖初期多用育过 3～5 代虫的黄褐色巢脾，繁殖盛期和生产期用新脾，越冬期多用褐色旧脾。加脾是扩大蜂巢的主要方法之一，一般一次加 1 张脾，置于边脾位置。

### ➤ 合并蜂群

把2群或2群以上的蜜蜂全部或部分合成1个独立的生活群体叫合并蜂群。

蜂群的生活具有相对的独立性，每个蜂群都有其独特的气味——群味，蜜蜂凭借灵敏的嗅觉，能准确地分辨出自己的同伴或其他蜂群的成员，因此，将无王的蜜蜂合并到有王群中，混淆群味是成功合并蜂群的关键。

（1）操作程序 取1张报纸，用小钉扎多个小孔。把有王群的箱盖和副盖取下，将报纸铺盖在巢箱上，上面叠加继箱，然后将无王群的巢脾放在继箱内，盖好蜂箱即可（图4-26）。一般10小时左右，蜜蜂将报纸咬破，群味自然混合，2日后撤去报纸，整理蜂巢。

图4-26 报纸法合并蜂群
（张中印 摄）

（2）注意事项 合并蜂群的前1天，要彻底检查被合并群，除去所有王台或品质差的蜂王，把无王群并入有王群，弱群并入强群。相邻合并，傍晚进行。

### ➤ 防止蜂盗

蜜蜂进入别的蜂群或贮蜜场所采集蜂蜜，主要起因是外界缺乏蜜源、蜂群群势悬殊、中华蜜蜂与意大利蜂同场饲养或蜂场相距过近、同一蜂场蜂箱摆放过长（大）以及蜂箱巢门过高、箱内饲料不足、管理不善等，另外，喂水和阳光直射巢门等也易引发蜂盗（图4-27）。

（1）识别蜂盗 盗蜂要强行进入蜂巢，守门蜜蜂会加以抵挡。

图 4-27　中蜂攻不进意蜂巢穴，选择拦截回巢的意蜂勒索食物
（张中印　摄）

刚开始，盗蜂在被盗群周围盘旋飞翔，寻缝乱钻，企图进箱，落在巢门口的盗蜂不时起飞，一味"逃避"守卫蜂的"攻击"和"检查"，一旦被对方咬住，双方即开始斗杀，如果抢入巢内，就上脾吸饱蜂蜜，然后匆忙出巢，在被盗群上空盘旋数圈后飞回原群。盗蜂回巢后将信息传递给其他工蜂，遂率众前往被盗群强盗搬蜜。凡是被盗群，箱周围蜜蜂麇集，秩序混乱，并伴有尖锐叫声，地上蜜蜂抱团撕咬（图 4-28），有爬行的，有乱飞的。有些弱群的巢门前虽然不见工蜂拼杀，也不见守卫蜂，但蜜蜂突然增多，外界又无花蜜可采，这表明已被盗蜂征服。

图 4-28　1 只中蜂被 2 只巡逻的意蜂抓获，逃脱不了就被杀死，
这是中蜂和意蜂同场饲养，中蜂群势下降的原因之一
（张中印　摄）

（2）预防盗蜂　选择有丰富、优良蜜源的场地放蜂，常年饲养强群，留足饲料。在繁殖越冬蜂前喂足越冬饲料，抽饲料脾给弱群，饲料尽量选用白糖。重视蜜、蜡保存。平时做到蜜不露缸、脾不露箱、蜂不露脾，场地上有洒落蜜汁应及时用湿布擦干或用泥土盖严，取蜜作业应在室内进行，结束后洗净摇蜜机。蜜源缺乏时查看蜂群趁一早一晚，并用覆布遮盖暴露的蜂巢。降低巢门高度（6～7毫米）。

中华蜜蜂和意大利蜂不同场饲养，对盗性强和守卫能力低的蜂种进行改良。相邻两蜂场应相距2千米以上，忌场后建场，同一蜂场蜂箱摆放不要过长。

（3）制止盗蜂

①保护被盗群：初起盗蜂，立即降低被盗群的巢门，然后用方形白色透明塑料布搭住被盗群的前后和左右，后面和左右搭到底，与地面接触，不留空隙；前面（巢门一方）直搭到距地面2～3厘米高处，留下空隙供蜜蜂出入。2～3小时蜜蜂安静后，用清水冲洗被盗蜂群的巢门。3天后取走塑料布。

②处理作盗群：如果一群盗几群，就将作盗群搬离原址数十米，原位置放带空脾的巢箱，收罗盗蜂，2天后将原群搬回。如有必要，于傍晚在场地中燃火（如点燃自行车外胎），消灭来投的盗蜂。

③春季集中控制盗蜂：选择风和日丽，即当天气温适合蜜蜂出勤活动，能让盗蜂全部出巢。时间选在当天16：00～17：00正常出勤蜜蜂基本回巢，盗蜂仍在猖狂活动时进行。30箱蜂需1人，如180箱蜂需要6人。首先将蜂场放蜂箱的位置用生石灰画线标注，然后对各个蜂箱进行编号，并将编号准确标注在蜂箱所在石灰线上；或者将上述画线、编号，标注在一个草纸上。准备收容蜂巢，30箱蜂需空箱1个（套），如180箱蜂需要6个（套），每箱放3张巢脾；每箱分配蜂王1只，并用铁纱王笼关闭（保护），吊挂在两巢脾之间。将蜂箱（群）全部搬到离原场地3米以外的地方码好，不关巢门，放盗蜂飞出。把收容蜂巢（箱）分散放在蜂场的"中间"位置，盗蜂从原来蜂箱飞出，并在蜂场集中盘旋飞翔后，会很快进入收容蜂巢中。随着气温下降，盗蜂停止了活动，先把装

盗蜂的几个箱子搬到离蜂场较远的地方放置。然后将码好堆垛的蜂群（箱）分别对号放回原处。处理盗蜂，根据收拢盗蜂数量的多少，分别集中到 4 个箱子里，转移到离原蜂场 5 千米以外的地方，近距离、门对门放置，正常繁殖，约过 1 个月时间，再把它们拉回原场。

### 工蜂产卵

蜂群无王的情况下，部分工蜂卵巢发育，并向巢房中产下未受精卵（图 4-29，图 4-30），这些卵有些被工蜂清除，有些发育成雄蜂，自然发展下去，蜂群会灭亡。预防措施是及时发现无王蜂群，导入新蜂王。一旦发现工蜂产卵，将蜜蜂分散合并，巢脾化蜡。

图 4-29　蜂王产的卵
（张中印　摄）

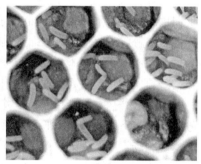

图 4-30　工蜂产的卵
（张中印　摄）

# （四）繁殖管理

### 春季繁殖

春季繁殖蜂群的工作程序为：选择场地→促蜂排泄→调整蜂群→防治蜂螨→确定时间→紧脾升温→人工保温→奖励饲喂→扩大蜂巢→防止空飞→造脾生产→平衡群势→春季养王。

在春季遇到长期低温天气时，须进行炼蜂抗逆饲养，保存蜂群实习。

（1）选择场地　选择背风、向阳、干燥，有榆、杨、柳和油菜等早期蜜源的地方摆放蜂群，蜂群2箱一组或连着放，但不宜过长，前后排间隔不超过3米。蜂路开阔，避开风口。在南方多风的地方，蜂群摆放还要求地势不高不低，雨天能排水。

（2）促蜂排泄　蜂群进场后或越冬室的蜂群搬到场地摆放好后，选择中午气温在10℃以上的晴暖无风天气，10～14时掀起箱盖，使阳光直照覆布，提高巢内温度，若同时喂给蜂群100克50％的糖水，更能促使蜜蜂出巢排泄。

促蜂排泄的时间，在河南宜选在"立春"前后，即离早期蜜源开花前半个月左右，其他地区定在第一个蜜源出现前的30天合适，对患下痢病的蜂群应再提前20天。在第一次排泄时要用√形从巢门掏出死蜂。蜜蜂排泄后若不及时繁殖，应对巢门遮光或关闭蜂王。

（3）调整蜂群　蜜蜂排泄飞翔后，及时开箱用王笼把蜂王关起来（与治螨结合），吊在蜂团的中央，同时抽出多余的巢脾，使蜂脾相称。而患病（如下痢）蜂群，使蜂多于脾。对缺蜜的蜂群，在傍晚补给蜜脾。

（4）防治蜂螨　蜂群排泄后，选好天气治螨，在蜂王刚产卵时，选晴暖天气的午后，对全场蜂群治螨2次。一般用杀螨剂喷脾，群内有封盖子的须用螨扑防治。在治螨前1天用糖水1千克喂蜂，或者用500克糖水连喂2～3次，防治效果更好。

春繁开始时治螨，群势小，蜂螨抵抗力弱，治螨省工、效果好，但要注意防止药害。同时将经过消毒的空箱与原蜂箱调换，换入适合产卵的粉蜜脾。早春繁殖用的巢脾以无雄蜂房的黄褐色巢脾为宜。

（5）繁殖时间　完成上述工作后，关王的蜂群要及时放王繁殖。如南方转地蜂场在1月中旬、定地蜂场在2月初开始；东北在3月中旬，计划在椴树开花前分蜂的场早一些，不分蜂的场晚些；在河南，蜂群春季繁殖的时间宜在"雨水"前后。提前繁殖应在第一个蜜源开花散粉前的20天开始。

（6）紧脾升温　早春繁殖，每群蜂数在华北、东北和西北要达到 3～5 足框，华中地区须有 2 足框以上蜜蜂。把蜂脾比调整为 (2～1.5)：1，使蜂多于脾，同时放宽蜂路。繁殖巢脾，只放 1 张巢脾的蜂群，脾上须有 0.5 千克以上的糖和约 250 克的花粉饲料；放 2 张巢脾的蜂群，其中之一应是粉蜜脾，另 1 张为半蜜脾；放 3 张巢脾的蜂群，1 张为全蜜脾，2 张为粉蜜脾。饲料不够，应及时补充，防止蜜蜂饥饿。群势越小的蜂群，蜜蜂就越密集，而达到 7 框以上蜜蜂的蜂群，可以蜂脾相称繁殖。

（7）人工保温　群势强的蜂群，不需要特殊保温，只需用覆布盖严上口、在副盖上加草帘即可。对于群势弱的蜂群，用干草围绕蜂箱左右箱壁和后箱壁，箱底垫实，再用干草等物轻填箱内空隙，草帘置于副盖上，并留通气孔，以利蜂巢内空气流通。使用隔光、保温的罩衣（图 4-31，图 4-32），效果更好。

图 4-31　隔光保温罩衣——天气寒冷盖好蜂箱
（李福洲　摄）

图 4-32　隔光保温罩衣——天气温暖进行管理
（李福洲　摄）

阴雨天气，蜂箱上盖塑料薄膜，盖后不盖前，防止雨淋，保持蜂巢干燥，有太阳时要撤掉。对蜂群保温处置宜在蜂王产卵 10 天左右开始，到群势发展到8框蜂左右时为止。

（8）奖励饲喂　蜜蜂的食物是蜂乳、糖浆和花粉，饮水也不可少。在早春1只越冬蜂的乳仅能养活1条小幼虫（蜜蜂），即3脾蜂养活1脾子，要按蜂数放脾，控制繁殖速度，使"蜂、乳平衡"。工蜂泌乳所需要的营养和大幼虫的食物，则从花粉和蜂蜜（图4-33）中来。

图4-33　蜜蜂的食物——蜂蜜和蜂粮
工蜂泌乳的营养、雄蜂和工蜂较大幼虫及成虫的食物
（张中印　摄）

①喂糖：如果饲料充足，每天或隔天喂1∶0.7的糖水250克左右，以蜜蜂够吃不产生蜜压卵圈为宜。如果缺食，先补足糖饲料，使每个巢脾上有0.5千克糖蜜，再进行补偿性奖励饲养，以够当天消耗为准，直到采集的花蜜略有盈余为止。采取箱内塑料盒饲喂，一端喂糖浆，一端喂水。禁用劣质、掺假或污染的饲料喂蜂。不喂锈桶盛装的蜂蜜，否则蜜蜂会爬出箱外，若处置失当，将会全场覆没。另外，在蜂数不足的情况下，糖饲料必须充足。

用灌糖脾喂蜂的量不宜过大，防止蜂巢温度急剧下降和蜜蜂死亡。有寒流时多喂浓一点的糖浆或加糖脾，以防拖虫和子圈缩小。在蜂巢内有较多封盖糖的情况下，要及时割去封盖，注意喂水。

用大蒜 0.5 千克压碎榨汁，加入 50 千克糖浆中喂蜂，可预防美洲幼虫腐臭病、欧洲幼虫腐臭病、孢子虫病和爬蜂病。在 1 000 毫升糖浆中加 4 毫升食醋，也可预防孢子虫病。

喂糖时间一般从蜂王产卵开始，直到采集的花蜜略有盈余为止。有些蜂场喂糖是从新蜂出房后开始，对越冬蜜蜂有很好的保护作用。

②喂粉：在蜜源植物散粉前 20 天开始喂粉，早春宜喂花粉脾，每脾贮存花粉 300～350 克，到主要蜜源植物开花并有足够的新鲜花粉进箱时为止。

◆ 喂花粉脾　将贮备的花粉脾喷上少量稀薄糖水，直接加到蜂巢内供蜜蜂取食。

◆ 做花粉脾　把花粉团用水浸润，加入适量熟豆粉和糖粉，配方：熟豆饼粉（或花生、芝麻、向日葵等粕粉）15％～30％、花粉 70％～85％，用 2∶1 的浓糖浆或蜜汁混合成颗粒状，然后再加工成花粉脾或花粉饼。在 1 千克食料中可添加赖氨酸、蛋氨酸、复合维生素各 1 克以及茴香油等促食剂。充分搅拌均匀，形成松散的细粉粒，用椭圆形的纸板（或木片）遮挡育虫房（巢脾中下部）后，把花粉装进空脾的巢房内，一边装一边轻轻揉压，使其装满填实，然后用蜜汁淋灌，渗入粉团。用与巢脾一样大小的塑料板或木板，遮盖做好的一面，再用同样方法做另一面，最后放入蜂巢供蜜蜂取食。

◆ 喂花粉饼　将花粉闷湿润，加入适量蜜汁或糖浆，充分搅拌均匀，做成饼状或条状，置于蜂巢幼虫脾的框梁上，上盖一层塑料薄膜，吃完再喂，直到外界粉源够蜜蜂食用为止（图 4-34）。

花粉消毒法：把 5～6 个继箱叠在一起，每 2 个继箱之间放纱盖，纱盖上铺放 2 厘米厚的蜂花粉，边角不放，以利透气，然后，把整个箱体封闭，在下燃烧硫黄，每箱 3～5 克，间隔数小时后再熏蒸 1 次。密闭 24 小时，晾 24 小时后即可使用。

③喂水：春季在箱内喂水，用脱脂棉连接水槽与巢脾上梁，并以小木棒支撑，让蜜蜂取食。每次喂水够 3 天饮用，间断 2 天再

图 4-34　喂花粉饼

（张中印　摄）

喂，水质要好。箱内喂水要么一直喂冷水，要么一直喂温开水，不能冷热相间。

（9）**扩大蜂巢**　按蜂加脾，原则是：开始繁殖时蜂多于脾→繁殖中期蜂脾相称→繁殖盛期蜂略少于脾→生产开始时蜂脾相称，前期要稳，新老蜂交替期要压，发展期要快，群势发展到 8 框足蜂时即可撤掉保温物上继箱。

①多脾繁殖加脾：前期繁殖，在子脾面积达 90%，蜂群有保温、育虫能力和隔板外堆积蜜蜂的情况下，向蜂巢内边脾位置加入巢脾（图 4-35）。中后期繁殖，蜜源多、温度高，可 3 天加 1 张脾，但蜂与脾的比例相称，争取做到产 1 粒卵得 1 只蜂的效果。在巢脾数达到 8~9 框时暂停加脾，使工蜂逐渐密集，为加继箱蓄积力量，或以强补弱，促进小群的发展。

②单脾繁殖加脾：单脾开始春繁的蜂群，在第一张子脾封盖时即加第二张脾，注意饲喂，防止蜜蜂饥饿。

③蜂少于脾繁殖：早春繁殖时应增加糖饲料，以调节子圈大小，同时只有新蜂完全代替了隔年蜜蜂（蜂多于脾）后，才能向蜂群加脾，扩大蜂巢。

（10）**防止空飞**　在春季日照长的地区春繁，若外界长期无粉

图 4-35　饲料充足时加黄褐色巢脾

（张中印　摄）

可采，应对蜂群进行遮盖，并注意箱内喂水。

（11）造脾生产　当春季蜂群发展到 6 框蜂时即可生产花粉，预防粉压子圈（图 4-36），同时加础造脾 2 张。发展到 8 框以上，开始王浆生产，在蜂数接近满箱暂缓加脾的同时，如果不取浆或脱粉，对个别采蜜多的蜂群要进行蜂蜜生产。生产花粉不得影响繁殖，在植物大流蜜时停止生产花粉；王浆的生产从此开始，直到全年蜜源结束为止。

图 4-36　粉压子圈

（张中印　摄）

养蜂生产，在河南一般从 4 月初开始，长江流域及以南地区 3 月开始，东北椴树蜜生产在 7 月。

（12）平衡群势 由于蜂群发展的不平衡，势必影响管理、生产的同步进行。因此，在蜂群达到9框足蜂时，要及时把有新蜂出房的老子脾带蜂补给弱群，弱群的卵虫脾调给强群，以达到预防自然分蜂、共同发展的目的，但调子调蜂以不影响蜂群发展、不传播疾病和蜂能护子为原则。

（13）春季养王 蜂场每年都要尽早在第一个主要蜜源期自己培育、更换蜂王，种蜂可以自己选育，也可以购买。其工作程序为：准备雄蜂→选择母群→移虫→哺育王台→组织交配→导入王台→蜂王交配→蜂王产卵→导入生产蜂群。在河南省，春季养王时间宜在4月初进行，具体方法见本书三、蜜蜂品种与改良。

（14）抗逆饲养 早春繁殖时，7天以内的低温天气，可采取降低巢温、停止人工饲喂措施，促进蜂群安静；连续低温超过7天即是灾害天气，应采取如下措施，延迟蜂群繁殖。

①采取疏导措施：收听天气预报，利用无风、10℃以上好天气条件，促蜂排泄。

②采取降温措施：撤去保温包装物，折叠覆布，降低巢温使蜜蜂安静，如果蜜蜂还活动飞翔，则开大巢门，继续降低巢温，直到蜜蜂不再活动为止。

③控制饲料措施：一个原则，维持蜜蜂生命。

◆ 限喂糖浆 如果蜂群中糖饲料充足，就禁止饲喂。如果缺糖无食，饲喂贮备的糖脾。如果没有糖脾，将蜂蜜对10%～20%的水并加热，然后灌脾喂蜂。如果既没有糖脾，也没有蜂蜜，就喂浓糖浆，糖水比为1：（0.5～0.7），加热使糖粒完全熔化，再降温至40℃左右灌脾喂蜂。喂糖浆时，可在糖浆中加入0.1%～0.2%的蔗糖酶或0.1%酒石酸（或柠檬酸），防止糖浆在蜂房中结晶。

◆ 保证花粉充足 如果蜂巢中有较充足的花粉，采取既不抽出，也不喂的措施（多数情况下蜜蜂已停止取食花粉）；如果不足喂花粉饼，直到蜜蜂不吃为止。

◆ 保证饮水充足 给蜂群在箱内喂水，如果蜜蜂向外飞，可打开箱盖，将副盖向后错动露出前方框耳，用水浇洒框耳。

## ▶ 秋季繁殖

在长江以北地区，秋季需繁殖好适龄越冬蜂，喂足越冬饲料，彻底治螨。在长江以南地区，秋季既要繁殖茶花、桂花、鹅掌柴、野坝子、枇杷等蜜源的采集蜂，还要利用冬季蜜源培育越冬蜂。

秋季繁殖蜂群工作程序：补充育王→贮备蜜脾→防治蜂螨→选择场地→繁殖蜂群→补足饲料→冬前治螨→搬场遮蔽。

（1）补充育王、更换劣质王　蜂群进入最后一个蜜源场地（如芝麻、荞麦、田菁、棉花和栾树等）初期，即着手培育雄蜂，半个月后，移虫育王，若蜜源不足，对哺育群应每天奖励饲喂，直到全部王台封盖为止。移虫后第9～10日，将全场蜂王用竹制王笼关闭（当年的新王吊在中间巢脾框耳处，非当年的老蜂王集中贮备在1个蜂群中或处理掉），全面检查蜂群，清除王台。调整蜂群，以强补弱或合并小群，使每一群都达到10框蜂，子脾均等。次日，给每个老王群或新分群介绍1个王台或给每个继箱群上、下箱体各分配一个王台，新王一般在最后一个主要蜜源花后期交配产卵。

（2）贮备蜜脾、喂越冬糖浆　芝麻、荞麦等主要秋季蜜源花中后期，逐步停止蜂蜜和王浆的生产，贮备饲料。

若贮备的蜜脾不够越冬用，应在繁殖越冬蜂前换进优质巢脾，并给蜂群喂大量糖浆（3～4天），直到越冬饲料达八成以上且有2/3以上蜜房封盖为止。在傍晚将糖浆灌入框式饲喂器（图4-37）或空脾内，置于隔板或边脾外侧喂蜂，每次喂糖浆1.5～3千克，直到喂足为止。喂越冬饲料时，若蜂箱内干净、不漏液体，也可以将箱前部垫高，傍晚把糖浆直接从巢门倒入箱内喂蜂。

（3）防治蜂螨　结合育王断子，关王时防治蜂螨1次，待全部老子脾羽化出房，蜂王刚开始产卵，蜂群内无封盖子时，用杀螨剂治螨2～3次。没有采取囚王断子措施的蜂群，则应在秋季繁殖前2周、前1周分别给每个蜂群挂螨扑药两次，每次1片，分开挂蜂巢对角。

（4）繁殖越冬蜂　根据当地蜜粉源条件和气候特点决定繁殖时间。河南省一般在8月下旬至9月上中旬，历时20天左右。在高

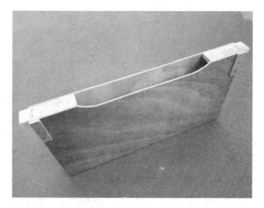

图 4-37　喂　糖

（张中印　摄）

寒山区越冬的蜂群应早繁殖。

①选择场地：选择蜜源丰富的地方作为秋季繁殖场所，蜜和粉不能兼顾时，以粉源丰富为主，如秋玉米、冬瓜、葎草、铜锤草、茵陈和栾树等的花粉都很丰富，繁殖期间，可适当脱粉。场地周围水源好、无污染，蜂箱每天应有充足的阳光照射。

②调整蜂势：10 框以上的继箱群，巢箱放 5～6 张脾供蜂王产卵，继箱放 5～6 张脾供贮备越冬饲料，蜂数要足，糖、粉脾放继箱，多余的巢脾抽出。

③换王、放王：一般情况下，新王交配产卵，适龄越冬蜂的培育也就开始。新蜂王产卵积极，适合快速繁殖。新蜂王产卵后，及时更换掉老蜂王。如果蜂巢用闸板隔为两区，一边放老蜂王，另一边放新王，共同产卵，可培育更多的适龄蜂，但秋后要除掉老蜂王。如果蜂王没有育成，在繁殖适龄越冬蜂前 5 天须把老蜂王放出。

④奖励饲喂：每天傍晚用糖浆喂蜂，历时 25 天左右（子脾全部封盖），并给蜜蜂喂水。糖浆中可加入食醋等预防疾病。奖励结束时，越冬饲料也一并喂好。

⑤适时断子：繁殖适龄越冬蜂历时 20 天左右，河南省约在 9

月 20 日前后结束，把蜂王用竹丝王笼关闭（图 4-38），吊于蜂巢前部（中央巢脾前面框耳处），淘汰老劣王。

（5）补足饲料　越冬饲料包括蜜蜂越冬和早春繁殖时所需要的一部分饲料。越冬饲料应在繁殖越冬蜂前喂 80%，剩余的 20% 在奖励喂蜂时补足。1 张装满糖蜜的巢脾，约有糖蜜 2.5 千克。实践证明，1 框越冬蜂平均需要糖饲料，在东北和西北地区为 2.5～3.5 千克，华北地区为 2～3 千克，转地蜂场为 1～1.5 千克，同时须贮存一些蜜脾，以备急用。

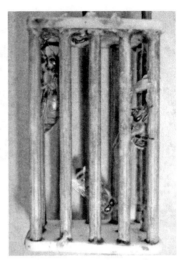

图 4-38　将蜂王囚禁在笼子里
（张中印　摄）

（6）冬前治螨　适龄越冬蜂全部羽化出房后，采用水剂喷雾治螨 2 次。

（7）搬场遮蔽　不论是在外转地还是在家定地秋繁的蜂场，在喂足越冬饲料后，如果条件允许，都应及时把蜂群搬到阴凉处，巢门转向北方，折叠覆布，放宽蜂路，减少蜜蜂活动。或者将玉米秆等放在箱上，对蜂群进行遮阳避光。养蜂场地要避风防潮，注意防火。

# （五）生产管理

蜂群经过一段时间的繁殖，由弱群变成生机勃勃的强群（图 4-39），外界温度适宜，蜜源丰富，蜂群的管理任务由繁殖转向生产，同时蜂群也具备了群体繁殖——自然分蜂的基本条件了。根据多年的气象资料（蜂场日志）和养蜂的实践经验对天气进行大致预测，趋利避害，视蜜源的多寡和价值选择场地。蜂群是人能控制的，养好蜂，还要用好蜂，维持强群，保持蜜蜂工作的积极性，以增加蜜、浆、蜡等的产量。这里仅介绍生产蜂蜜过程的蜂群管理，其他产品的生产管理见本书第四部分。

图 4-39　工蜂数量大的较强蜂群

（张中印　摄）

### 蜂蜜生产管理

蜂蜜收成的好坏，主要取决于天气、蜜源和蜂群。

（1）培育适龄采集蜂　个体器官发育到最适合出巢采集的健康工蜂，叫适龄采集蜂。在采集活动季节，工蜂的寿命为 28～35 天，并按日龄分工协作，14～21 日龄的工蜂多从事花粉、花蜜、无机盐的采集，21～28 日龄时采集力达到高峰。工蜂这种按日龄分工协作的规律，随着群势和蜂巢内、外环境的变化，可提前也可延后。

所以，为一个特定蜜源花期培育适龄采集蜂的时间，在流蜜开始前 45 天到流蜜结束前 30 天较为适宜。培育足够量的适龄采集蜂，蜂群要有一定的群势基础，还要兼顾采蜜结束后的繁殖与生产。在早春，蜂群开始繁殖时距主要蜜源生产期如有 8～10 周的时间，则蜂群适龄蜂出现的高峰易与流蜜期相吻合；若少于 8 周，则应加强管理，采取措施组织生产蜂群；若多于 12 周，往往主要流蜜期未到，蜂群就会产生分蜂热趋势，这时要控制群势的发展，比如强、弱群互换子脾以达到共同发展的目的，或结合养王、分出小群组成主、副群饲养，待流蜜期到来再组成强群生产。如果流蜜期短，后面又没有连续的大蜜源，在流蜜前可结合养王断子，集中力量采蜜；若主要流蜜期较长或与后面的主要蜜源相接，后继蜜源价值又较大，则应为蜂群创造条件，加强繁殖；转地蜂场，要边生产边繁殖，采蜜群势要符合转运要求。适龄采集蜂的培育可参照春季繁殖进行，但须遵循有多少蜂养多少虫，保证培养的工蜂健康。

（2）组织强群采蜜　生产蜂蜜要求新王、强群和健康的蜂群。全面检查蜂群，对有12框蜂、8～9张子脾的蜂群，在巢、继箱之间加上隔王板，繁殖兼顾生产的，上面放4～5张大子脾，下面放5～6张优质巢脾供蜂王产卵，巢脾上下相对；如果蜜源植物花期长，且缺花粉，则巢、继箱放脾数相反；植物花期较短，大流蜜前又断子的蜂群，巢、继箱之间可不加隔王板。

对达不到蜂蜜生产群12脾蜂标准的蜂群，可采取下述补救措施，使其成为1个较强的采集群。

①调整蜂群：距离开花泌蜜20天左右，将副群或大群的封盖子脾调到近满箱的蜂群；距离开花泌蜜10天左右，应给近满箱的蜂群补充新蜂正在羽化的老子脾。抽出子脾的副群组成双群同箱繁殖，若流蜜期不超过30天，则每个小群留下3框蜂和1个小子脾即可；若流蜜期超过30天或有连续蜜源，则小群应保留5框蜂为宜，为以后的生产贮备力量。

②集中飞翔蜂（主、副群饲养）：落场时，将蜂群分组摆放，主、副群搭配（定地蜂场在繁殖时即做这项工作），以具备新蜂王的较大群作为主群，较小群作为副群，主要蜜源开花泌蜜后，搬走副群，使外勤蜂投奔到主群，根据群势扩巢。

③生产区倒置：蜂群群势不强或子脾过多，又以生产蜂蜜为主的蜂群，在流蜜前10天，把封盖子脾和适宜贮蜜的巢脾放入巢箱为生产区，蜂王带小子脾放继箱，巢、继箱间加隔王板，流蜜开始，隔王板换成铁纱副盖，继箱下沿开小巢门。

（3）酌情控制虫口　在流蜜期短的花期（如刺槐），以生产蜂蜜为主的蜂场，在开始流蜜前 10 天左右，用王笼把蜂王关起来；或结合养王，在流蜜开始前 12 天给每个蜂群介绍 1 个成熟王台，在大流蜜期开始时新蜂王产卵。

若蜜源花期较长（25 天以上）或两个蜜源花期衔接，则应前期生产、繁殖并重，在开花后期或后一个蜜源采取限王产卵，也可以结合养王换王的措施限王产卵，以提高产量。在河南省太行山区的荆条花期，适宜采取此种措施。

（4）管理蜂蜜生产群　流蜜开始即组织强群投入生产，流蜜期中补充蛹脾维持群势，流蜜期后调整群势，抓紧恢复和增殖工作。在流蜜期间，充分利用强群取蜜、弱群繁殖，新王群取蜜、老王群繁殖，单王群生产、双王群繁殖，繁殖群正出房子脾调给生产蜂群维持群势，适当控制生产蜂群卵虫数量，以此解决生产与繁殖的矛盾。同时，采取措施预防分蜂热，保证蜜蜂处于积极的工作状态。

蜜源流蜜好，以生产为主，兼顾繁殖。如遇花期干旱等造成蜜源流蜜差，蜂群繁殖区要少放脾，蜂数、饲料要足，撤出新脾或靠边搁置。适当安排分蜂，此时脱粉，须进行奖励饲养。

①选择场地：根据蜜源、天气、蜂群密度等选择放蜂场地，选蜜源丰富的地方。采蜜群宜放在树荫下，遮阳不宜太过，蜂路开阔。中午避免巢门被阳光直射，夏天巢门方向可朝北。水源水质要好，防止水淹和山洪冲击。

◆ 对不施农药、没有蜜露蜜的蜜源可选在蜜源的中心地带，季风的下风向，如刺槐、荆条、椴树、芝麻等。

◆ 对施农药或有蜜露蜜的蜜源场地，蜂群摆放在距离蜜源300 米以外的地方。

◆ 对缺粉的主要蜜源花期，场地周围应有辅助粉源植物开花，如枣花场地附近有瓜花。

②饲料充足：在流蜜开始以后，把贮满蜜的蜜脾抽出或摇出，作为蜜蜂饲料保存起来，然后，另加巢脾或巢础框让蜜蜂贮蜜，蜜源结束，把贮备的蜜饲料还给蜂群。对缺粉的枣花场地，需要及时

给蜂群补充花粉。没有优质、洁净水源的场地，还须喂水，提倡箱内喂水（图4-40）。

图4-40　蜂箱外喂水，须天天更新
（张中印　摄）

③维持群势：开花前期，从繁殖群中调出将要羽化的老子脾给生产群，维持生产群有足够的采集蜂。

④叠加继箱：当第一个继箱框梁上有巢白时，即可加第二继箱，第二继箱加在第一继箱和巢箱之间，待第二继箱的蜂蜜装至六成、第一继箱有一半以上蜜房封盖，可继续加第三继箱于第二继箱与巢箱之间，第一继箱即可取下摇蜜。不向继箱调子脾，开大巢门，加宽蜂路，掀开覆布，加快蜂蜜成熟。

⑤适时取蜜：原则上，流蜜初期抽取；流蜜盛期若没有足够巢脾贮蜜，待蜜房有1/3以上封盖时即可进行蜂蜜生产；流蜜后期要少取多留。在采蜜的同时，重视蜂王浆、蜂蛹虫和蜂胶的生产。

⑥结束生产：植物流蜜结束，或因气候等原因流蜜突然中止，应及时调整群势，抽出空脾，使蜂略多于脾，防治蜂螨。补喂缺蜜蜂群，在粉足取浆时要进行奖励饲喂，根据下一个场地的具体情况繁殖蜂群。在干旱地区繁殖蜂群时要缩小繁殖区。

## ▶ 南方秋、冬生产管理

在我国长江以南各省和自治区，冬季温暖并有蜜源植物开花，是生产冬蜜的时期，只在1月份蜂群才有短暂的越冬时间。

（1）南方冬季蜜源　在我国南方冬季开花的植物有茶树、枧、野坝子、枇杷、鹅掌柴（鸭脚木）等，这些蜜源有些可生产到较多的商品蜜和花粉，有些可促进蜂群的繁殖。而在河南豫西南地区，许多年份在10～11月还能生产到菊花蜂蜜。

（2）蜂群管理措施　南方冬季蜜源花期，气温较低，尤其在流蜜后期，昼夜温差大，有时有寒流，有时阴雨连绵，因此，冬蜜期管理应做好以下工作。

①选择好场地：在背风、向阳、干燥的地方摆放蜂群，避开风口。

②生产兼繁殖：冬蜜期要淘汰老劣蜂王，合并弱群，适当密集群势，采取强群生产、强群繁殖，生产与繁殖并重。流蜜前期，选晴天中午取成熟蜜；流蜜中后期，抽取蜜脾，保证蜂群饲料充足和备足越冬、春季繁殖所需饲料。在茶叶花期，喂糖水、脱花粉、取王浆。

③做越冬准备：对弱群进行保温处置，在恶劣天气要适当喂糖喂粉，促进繁殖，壮大群势，积极防治病、虫和毒害，为越冬做准备。

### ▶▶ 分蜂热的预防与解除

4月下旬至5月上旬，当中蜂群势发展到4～5框子脾、意大利蜂超过7～8框子脾后，常会发生分蜂。蜂群一旦产生分蜂趋势（热）后，蜂王产卵量显著下降，甚至停产，工蜂怠工。

（1）预防分蜂热

①养王：早春及时育王，更换老王。平常保持蜂场有3～5个养王群，及时更换劣质蜂王。在炎热地区，采取1年每群蜂换2次蜂王的措施，有助于维持强群，提高产量（图4-41）。

②繁殖期适当控制群势：在蜂群发展阶段，群势大不利于发挥工蜂的哺育力，而且容易发生分蜂，所以，应抽调大群的封盖子脾补助弱群，弱群的小子脾调给强群，这样可使全场蜂群同步发展壮大。强、弱群调换大、小子脾，应以不影响蜂群在主要蜜源期生产为原则。

③积极生产：及时取出成熟蜂蜜，进行王浆、花粉的生产和造

图 4-41　新蜂王产卵多，分泌的蜂王物质多

（张中印　摄）

脾，加重工蜂的工作负担，可有效地抑制分蜂。

④扩巢遮阳：随着蜂群长大，要适时加脾、上继箱和扩大巢门，有些地区或季节蜂箱巢门可朝北开，将蜂群置于通风的树荫下，给水降温（图 4-42）。

图 4-42　将蜂群置于大树下

（张中印　摄）

（2）解除分蜂热　蜂群已发生分蜂趋势，应根据蜂群、蜜源等具体情况进行处理，使其恢复正常工作秩序。

①更换蜂王 1：在蜜源流蜜期，对发生分蜂热的蜂群当即去王和清除所有封盖王台，保留未封盖王台，在第 7～9 天检查蜂群，

选留 1 个成熟王台或诱入产卵新王，毁尽其余王台。

②更换蜂王 2：仔细检查已产生分蜂热的蜂群，清除所有王台后把该群搬离原址，在原位置放 1 个装满空脾的巢箱，从原群中提出带蜂不带王的所有封盖子脾放在继箱中，加到放满空脾的巢箱上，诱入 1 只新蜂王或成熟王台。再在这个继箱上盖铁纱副盖，上加 1 个继箱，另开巢门，把原群蜂王和余下的蜜蜂、巢脾放入，在老蜂王产卵一段时间后，杀死老蜂王，撤掉副盖合并蜂群。

③互换箱位：在外勤蜂大量出巢之后，把有新蜂王的小群用王笼诱入法先将蜂王保护起来，再把该群与有分蜂热的蜂群互换箱位；第二天，检查蜂群，清除有分蜂热蜂群的王台，给小群调入适量空脾或分蜂热群内的封盖子脾，使之成为一个生产蜂群。

④剪翅、除台：在自然分蜂季节里，定期对蜂群进行检查，清除分蜂王台，或将已发生分蜂热蜂群的蜂王剪去其右前翅的 2/3（图 4-43）。剪翅和清除王台只能暂时阻止蜂群发生分蜂和不丢失，要预防和控制分蜂热，应采取综合措施。

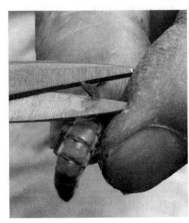

图 4-43　蜂王剪翅
（张中印　杨萌　摄）

### ▶ 生产蜂群技术

从 1 个或几个蜂群中抽出部分蜜蜂和子脾，导入 1 只蜂王或成熟王台，组成 1 个新蜂群。人工分蜂的原则是有助于蜂群繁殖，不影响生产，即分蜂提出的子脾要有助于解除大群的分蜂热，分出群在 1 个月后要有生产能力或越冬能力。

分蜂之前要培育蜂王，在移虫后的第 9～10 天提交配群，蜂王交配产卵 10 天后介绍给新蜂群。

（1）分蜂方法

①强群平分法：先将原群蜜蜂向后移出 1 米，取 2 个形状和颜色一样的蜂箱，放置在原群巢门的左右，两箱之间留 0.3 米的空隙，两箱的高低和巢门方向与原群相同，然后把原群内的蜂、卵、虫、蛹和蜜粉脾分为相同的 2 份，分别放入两箱内，一群用原来的蜂王，另一群在 24 小时后诱入产卵蜂王。分蜂后，外勤蜂飞回找不到原箱时，会分别投入两箱内；如果蜜蜂有偏集现象，可将蜂多的一群移远点，或将蜂少的一群向中间移近一点。这种方法能使 2 群都有各龄蜜蜂，各项工作能够正常进行，蜂群繁殖也较快，宜离主要采蜜期 50 天左右进行。

②强群偏分法：从强群中抽出带蜂和子的巢脾 3～4 张组成小群，如果不带王，则介绍 1 个成熟王台，成为 1 个交配群。新分群的蜜蜂应以幼蜂为主，群势以 3 脾足蜂为宜，保证饲料充足。第二天介绍产卵蜂王或成熟王台，王台安装在中间脾的两下角处或脾下缘。如果小群带老王，则给原群介绍 1 只产卵新王或成熟王台。分出群与原群组成主、副群饲养，通过子、蜂的调整，进行群势的转换，以达到预防自然分蜂和提高产值的目的。

③多群分一群：选择晴朗天气，在蜜蜂出巢采集高峰时候，分别从超过 10 框蜂和 7 框子脾的蜂群中，各抽出 1～2 张带幼蜂的子脾，合并到 1 只空箱中。次日将巢脾并拢，调整蜂路，介绍蜂王，即成为一个新蜂群。

这个方法多用于大流蜜期较近时分蜂。因为是从若干个强群中提蜂、子组织新分群，故不影响原群的繁殖，并有助于预防分蜂热的发生，在主要流蜜期到来时新分群还能壮大起来，达到分蜂促进繁殖和增收的目的。

④双王群分蜂：在距主要蜜源开花较近时，按偏分法进行，仅提出两脾带蜂带王、有一定饲料的子脾作为新分群，原箱不动变成1个强群。距离主要蜜源开花50天左右，采取平分法。

（2）管理措施　新蜂群的位置要明显，新王产卵后须有3框足蜂的群势，不足的要补蜂补子，保持蜂脾相称或蜂略多于脾，各阶段的蜂龄尽可能合理，饲料充足。哺育蜂少的新蜂群，其卵脾可提到大群哺育，随着群势的发展，要适时加空脾和加巢础框造脾。

# （六）断子管理

## ▶ 冬季断子管理

蜂群安全越冬的条件是充足优质的饲料、品质良好的蜂王、一定的群势、健康的工蜂和安静的环境。蜜蜂属于半冬眠昆虫，在冬季，蜜蜂停止巢外活动和巢内产卵育虫工作，结成蜂团，处于半蛰居状态，以适应寒冷漫长的环境。我国北方蜂群的越冬时间长达5～6个月，而南方仅在1月份有短暂的越冬期。

（1）越冬准备

①选择越冬场地：蜂群的越冬场所有两种：一是室外，二是室内。

室外场地要求背风、向阳、干燥和卫生，在一日之内要有足够的阳光照射蜂箱，场所要僻静，周围无震动、声响（如不停的机器轰鸣）。

室内越冬场所要求房屋隔热性能好，空气畅通，温度、湿度稳定，黑暗、安静。

②布置越冬蜂巢：越冬用的巢脾要求为黄褐色、贮存100克以上蜂粮的巢脾，在贮备越冬饲料时进行遴选。越冬蜂群势，北方应达到7～8框，长江中下游地区须超过2框以上，群势的调整在繁殖越冬蜂时就要完成。越冬蜂巢的脾间蜂路设置为15毫米左右。越冬蜂巢的布置应在蜜蜂白天尚能活动、而早晚处于结团状态时进行，较弱的蜂群要蜂脾相称或蜂略多于脾，强群蜂少于脾。

单箱体越冬，蜂数不足5框的蜂群，应双群同箱饲养，布置蜂巢时，把半蜜脾放在闸板的两侧，大蜜脾放在半蜜脾的外侧，这样能使两个蜂群聚集在闸板两侧，结成1个越冬团，有助于相互保暖。蜂数多于5框的蜂群，可以单群平箱越冬，布置蜂巢时，中间放半蜜脾，两侧放整蜜脾；若均为整蜜脾，则应放大蜂路，靠边的糖脾要大。

双箱体越冬，上下箱体放置相等的脾数，例如8框蜂的上下箱体各放6张脾，蜂脾相对，上箱体放整蜜脾，下箱体放半蜜脾，双王群越冬，巢脾向中间靠。

（2）北方蜂群室外越冬　室外越冬简便易行，投资较少，适合我国广大地区，但越冬蜂群受外界天气的变化影响较大。

①长江以北及黄河流域：冬季气温高于－20℃的地方，可用干草、秸秆把蜂箱的两侧、后面和箱底围好、垫实，副盖上盖草帘，箱内空间大应缩小巢门，箱内空间小则放大巢门（图4-44）。如果冬季气温在－10℃以上的地区，蜂群强壮，可不进行保温处置。

图4-44　华北地区蜂群室外越冬保温处置
（张中印　摄）

②高寒地区：冬季气温低于－20℃，蜂箱上下、前后和左右都要用草包围覆盖，巢门用∩形桥孔与外界相连，并在御寒物左右和后面砌成∩形围墙。也可堆垛保蜂或开沟放蜂，对蜂群进行保温处置。

◆ 堆垛保蜂　蜂箱集中一起成行堆垛，垛之间留通道，背对背，巢门对通道，以利管理与通气，然后在箱垛上覆盖帐篷或保蜂罩。夜间温度－5～－15℃时，用帐篷盖住箱顶，掀起周围帆布；夜间温度－15～－20℃时，放下周围帆布；－20℃以下，四周帆布应盖严，并用重物压牢。在背风处保持篷布能掀起和放下，以便管理，篷布内气温高于－5℃时要进行通风，"立春"后撤垛。四箱一组或成排放置的蜂群，可参照此法（图4-45，图4-46）进行保温处置。

图4-45　高寒地区4箱一组室外越冬保温处置

（引自 www.honeybeeworld.com）

图4-46　高寒地区蜂群室外越冬保温处置

（引自 www.honeybeeworld.com）

◆ 开沟放蜂　在土质干燥地区，按 20 群一组挖东西方向的地沟，沟宽约 80 厘米、深约 50 厘米、长约 10 米，沟底铺一层塑料布，其上放草 10 厘米厚，蜂箱紧靠、挨近北墙放置草上，用支撑杆横在地沟上，上覆草帘遮蔽。通过掀、放草帘，调节地沟的温度和湿度，使其保持在 0℃ 左右，并维持沟内的黑暗环境。

（3）北方蜂群室内越冬　在东北、西北等严寒地区，把蜂群放在室内越冬比较安全，可人工调节环境，管理方便，节省饲料。

①越冬室：越冬室有地下和半地下等形式。越冬室高度约 240 厘米，宽度有 270 厘米和 500 厘米两种，可放两排和四排蜂箱。墙厚 30～50 厘米，保暖好，温差小，防雨雪，可人工调节湿度、通风和光线，还可加装空调或排风扇（图 4-47）。控制越冬室内温度为 −2～4℃，相对湿度 75%～85%。

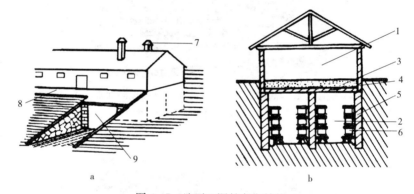

图 4-47　地下双洞越冬室结构
a. 越冬室外形　b. 侧面结构
1. 仓库　2. 越冬室　3. 顶板　4. 黏土　5. 石墙　6. 蜂箱　7. 室外通气口
8. 水泥台　9. 越冬室门
（引自葛凤晨等）

②搬蜂入室：蜂群应在水面结冰、阴处冰不融化时进入室内，如东北地区 11 月上中旬、西北和华北地区在 11 月底进入，在早春外界中午气温达到 8℃ 以上时即可出室。

③摆放蜂箱：在越冬室蜂箱距墙 20 厘米摆放，搁在 40～50 厘

米高的支架上，叠放继箱群 2 层，平箱 3 层，强群在下，弱群在上，成行排列，排与排之间留 80 厘米通道，巢口朝通道以便于管理。

（4）北方蜂群越冬管理

①防鼠：把巢门高度缩小至 7 毫米，使鼠不能进入。如在巢前发现有腹无头的死蜂，应开箱捕捉，并结合药饵毒杀。

②防火：包围的保暖物和蜂箱、巢脾等都是易燃品，要预防不慎引火烧蜂，要求越冬场所远离人多的地方，人不离蜂。

③防热：严格控制越冬室内的温度。室外越冬蜂群的御寒物包外不包内，巢门和上通气孔畅通。定期用√形勾出蜂尸和箱内其他杂物。大雪天气，及时清理积雪，防止雪堵塞巢门或通气孔。

室外越冬蜂群，要求蜂团紧而不散，不往外飞蜂，寒冷天气箱内有轻霜而不结冰。进行保温处置后，要开大巢门，随着外界气温的连续下降，逐渐缩小巢门，1 月份最冷的时期可用干草轻塞巢门，随着天气回暖，慢慢扩大巢门。对有"热象"的蜂群，开大巢门，必要时撤去上部保暖物，待降温后再恢复覆盖。

④防饿：蜂群缺少食物多发生在越冬后期，对缺食蜂群及时补充蜜脾，方法是把贮备的蜜脾先在 35℃ 下放置 12 小时，将下方的蜜盖割开一小部分，喷少量温水，靠蜂团放置，将空脾和结晶蜜脾撤出。

⑤排泄：个别蜂群严重下痢，可于 8℃ 以上无风晴天的中午在室外打开大盖、副盖，让蜜蜂排泄，或搬到 20℃ 以上的塑料大棚内放蜂飞翔。如在越冬前期，大批蜂群普遍下痢，并且日趋严重，最好的办法是及时运到南方繁殖。

解救有问题的蜂群只能挽救部分损失，应做好前述的工作，预防事故的发生。

（5）南方蜂群越冬管理　蜂群断子越冬应在 45 天以上。

①关王、断子：蜂群在室外越冬或入室越冬之前，把蜂王用竹王笼关起来，强迫蜂群断子 45 天以上。

②防治蜂螨：待蜂巢内无封盖子时治蜂螨，治螨前的 1 天对蜂群饲喂，效果更显著。

③布置蜂巢：南方蜂群越冬蜂巢的布置除要求扩大蜂路外，其他同北方蜂群室外越冬。

④饲料：喂足糖饲料，抽出花粉脾。

⑤促蜂排泄：在晴天中午打开箱盖，让太阳晒暖蜂巢，促使蜜蜂飞行排泄。

⑥越冬场所：在室外越冬的蜂群，选择阴凉通风、干燥卫生、周围2千米内无蜜粉源的场地摆放蜂群，并给蜂群喂水。

（6）转地蜂群越冬管理　我国北方的一些蜂场，于12月至翌年1月中旬把蜂群运往南方繁殖。这些蜂场在越冬时，首先把饲料脾准备好，镶上框卡，钉上纱盖，在副盖上加盖覆布和草帘，蜂箱用秸秆覆盖，尽可能保持黑暗、空气流通、温度稳定，等待时日，随时启运。

## 夏季断子管理

7～9月，在我国广东、浙江、江西、福建等省，长期高温，蜜粉源枯竭，敌害猖獗，蜜蜂活动减少，群势逐日下降。

（1）越夏前准备

①更换老劣王，培育越夏蜂：在越夏前1个月，养好1批蜂王，产卵10天后诱入蜂群，培育1批健康的越夏适龄蜂。

②充足的饲料：进入越夏前，留足饲料脾，每框蜂需要2.5千克，不足的补喂糖浆，并有计划地贮备一部分蜜脾。

③调整蜂群势：越夏蜂群，中蜂应有3框以上的蜜蜂，意蜂要有5框以上的蜜蜂，不足的用强群子脾补够，弱群予以合并。提出多余巢脾，使蜂脾相称。

④防病、治螨：在早春繁殖初期，将蜂螨寄生率控制在最低限度；在越夏前，还可利用换王断子的机会防治蜂螨。

（2）越夏期管理

①选择场地：选择有芝麻、乌桕、玉米、窿椽桉等蜜粉源较充足的地方放蜂，或选择海滨、山林和深山区作为越夏场地，场地须空气流通，水源充足。

②放好蜂群：把蜂群摆放在排水良好、有阴凉的树下，蜂箱不

得放在阳光直射下的水泥、沙石和砖面上。

③通风遮阳：适当扩大巢门和蜂路，掀起覆布一角，但勿打开蜂箱的通气纱窗。

④增湿降温：在蜂箱四周洒水降温，在空气干燥时副盖上可放湿草帘，坚持喂水。

⑤八防措施：越夏期间，减少开箱次数，全面检查在每天的早晚进行，巢门高度以 7 毫米为宜，宽度按每框蜂 15 毫米累计，避免烟熏和震动，谨防盗蜂发生。用药饵和捕打等办法遏制胡蜂的危害。早晚捕捉青蛙和蟾蜍，放回远处田间，防范其捕食蜜蜂。消灭蜂场中的蚁穴，防止蚂蚁攻入蜂箱；经常清除箱底杂物，预防滋生巢虫。利用群内断子或封盖子少的机会，用杀螨剂治螨 2 次。预防农药中毒，预防水淹蜂箱。

⑥断子/繁殖：

◆在越夏期较短的地区，可关王断子，有蜜源出现后奖励饲养进行繁殖。

◆在越夏期较长的地区，适当限制蜂王产卵量，但要保持巢内有 1~2 张子脾、2 张蜜脾和 1 张花粉脾，饲料不足须补充。

◆在有辅助蜜源的放蜂场地，应奖励饲喂，以繁殖为主，兼顾王浆生产。繁殖区不宜放过多的巢脾，蜂数要充足。

◆在有主要蜜源的放蜂场地，无明显的越夏期，按生产期管理。

（3）越夏后管理　蜂群越夏后，蜂王开始产卵，蜂群开始秋繁，这一时间的管理可参照繁殖期管理办法，做好抽脾缩巢、恢复蜂路、喂糖补粉、防止飞逃等工作，为生产冬蜜做准备。

# （七）转地放蜂

根据生产或管理需要，按开花先后以放蜂路线将养蜂场地贯穿起来。长途转地放蜂，一般从春到秋，从南向北逐渐赶花采蜜，最后再一次南返。现在运输蜂群，多选用汽车，方便快捷。

## ▶▶ 运蜂准备

（1）选择场地　先选定蜜源，再遴选搁蜂场地，凡是在人口密集、水道或风口的地方，都不宜搁蜂。

（2）调整蜂群　一个继箱群放蜂不超过14脾，上7下7，封盖子3～4框，多余子脾和蜜蜂调给弱群；一个平箱群有蜂不超过8脾，否则应加临时继箱。

群势大致平衡后，继箱群的巢箱放小子脾，卵虫脾居中，粉蜜脾依次靠外，继箱放老子脾，巢、继箱内的巢脾全向箱内一侧或中间靠拢。平箱群的巢脾顺序不变。

（3）饲料充足　每框蜂有贮蜜0.5千克以上的成熟饲料，忌稀蜜运蜂，还要有一定量的粉脾。

在装车前2小时，给每个蜂群喂水脾1张，并固定。或在装车时从巢门向箱底打（喷）水2～3次，向蜂箱盖或四周洒水降温。

（4）包装蜂群　运输蜂群，须固定巢脾与连接上下箱体，防止巢脾相互碰撞压死蜜蜂，并便于装车、卸车。这项工作在启运前1～2天完成。

①固定巢脾：以牢固、卫生、方便为准。

◆用框卡或框卡条固定　在每条框间蜂路的两端各楔入一个框卡，并把巢脾向箱壁一侧推紧，再用寸钉把最外侧的隔板固定在框槽上（图4-48，图4-49）。

图4-48　固定巢脾

（张中印　摄）

图 4-49　用框卡条固定巢脾

（张中印　摄）

◆ 铁钉固定　在蜂箱前、后壁上，对准巢框的侧条等距离打上一排铁钉，钉子略向上翘，穿过箱壁钉住巢脾侧条。

◆ 海绵条固定　用特殊材料制成的具有弹（韧）性的海绵条，置于框耳上方，高出箱口 1～3 毫米，盖上副盖、大盖，以压力使其压紧巢脾不松动。用时与挑箱的绳相结合。

②连接箱体：用绳索等把上下箱体及箱盖连成一体。

◆ 用竹片钉　用两端钻有小孔、长约 300 毫米、宽约 25 毫米、厚 5 毫米的竹片，在巢箱和继箱前、后或左、右两面，按八字形钉住，副盖与箱沿用铁钉固定。

◆ 用连箱扣　在蜂箱左右两面用四对连箱扣或弹簧进行连接。铁纱副盖也用铁钉固定在巢箱或继箱上，最后收起覆布。

◆ 挑绳捆扎　用海绵压条压好巢脾后，将紧绳器置于大盖上，挂上绳索，旋转紧绳器的杠，即达到连接箱体和固定巢脾的目的，随时可以挑运。

（5）运输工具　运输蜜蜂的汽车，必须车况良好，干净无毒，车的大小（吨位）和车厢大小与所拉蜂量和蜂箱装车方法（顺装或横装）相适应。装车高度不得超过 4.5 米。蜂车启程后尽量走高速公路，在条件许可的情况下，可与车主签订运蜂合同，明确各方义务和责任。

▶ **装车启运**

应根据蜜源花期和计划等适时启运蜂群，以有助于生产和繁殖。在主要蜜源花期首尾相连时，应舍尾赶前，即舍弃前一蜜源的尾期，赶赴新蜜源的始花期。运输蜂群的时间，应避免处女王出房前或交尾期运蜂，忌在蜜蜂采集兴奋期和刚采过毒时转场。

（1）关巢门运蜂时装车　打开箱体所有通风纱窗，收起覆布，然后在傍晚大部分蜜蜂进巢后关闭巢门。若巢门外边有许多蜜蜂，可用喷烟或喷水的方法驱赶蜜蜂进巢。

（2）开巢门运蜂时装车　必须蜂群强壮、子脾多和饲料充足，取下巢门档开大巢门。

①装车时间：白天下午装车，但需要避开傍晚蜜蜂收工回巢高峰期。

②装蜂准备：装卸人员穿戴好蜂帽和工作服，束好袖口和裤口，穿着带腰的胶鞋。在蜂车附近燃烧秸秆，产生烟雾，使蜜蜂不致追蜇人畜。另外，养蜂用具、生活用品要事先打包，以便装车。

③装车操作：装车以4个人配合为宜，1人喷水（洒水），每群喂水1千克左右，2人挑蜂，1人在车上摆放蜂箱。若蜂箱横装，箱箱紧靠，巢门朝向车厢两侧。若蜂箱顺装，箱箱紧靠，巢门向前。最后用绳索挨箱横绑竖捆，勒紧蜂箱（图4-50，图4-51）。

图4-50　装　车
（张中印　摄）

图4-51　加　固
（张中印　摄）

（3）开车启运的时间　蜂车装好后，如果是开巢门装车运蜂，则在傍晚蜜蜂都上车后再开车启运。如果是关巢门装车运蜂，刹车好后就开车上路。黑暗有利于蜜蜂安静，因此，蜂车应尽量在夜晚行驶，第二天午前到达，并及时卸蜂。

### 途中管理

（1）汽车关巢门运蜂途中管理　运输距离最好在300千米左右，傍晚装车，夜间行驶（图4-52），黎明前到达，天亮时卸蜂，可不喂水，途中不停车，到达场地，卸下蜂群摆到位置上时取下大盖，向蜂群喷少量水，待全部摆上场地，及时开启巢门，盖上大盖，蜜蜂上脾后再盖覆布。

图4-52　夜晚运蜂
（张中印　摄）

若需白天行驶，避免白天休息，争取午前到达，以减少行程时间和避免因蜜蜂骚动而闷死蜜蜂。遇白天运蜂堵车应绕行，其他意外不能行车应当机立断卸车放蜂，傍晚再装运。

8～9月份从北方往南方运蜂，途中可临时放蜂；11月份至翌年1月份运蜂，提前做好蜂群包装，途中不喂蜂、不放蜂、不洒水、关巢门，视蜂群大小折叠覆布一角或收起，避免剧烈震动。卸下蜂群，等蜜蜂安静后或在傍晚再开巢门。

运输途中，严禁携带易燃易爆和有害物品，不得吸烟生火。注意装车不超高，押运人员乘坐位置安全，按照规定进行运输途中作业，防止意外事故发生。

（2）汽车开巢门运蜂途中管理　如果白天在运输途中遇堵车等原因，蜂车停住，或在第二天午前不能到达场地，应把蜂车开离公路，停在树阴处，待傍晚蜜蜂都飞回蜂车后再走。如果蜂车不能驶离公路，就要临时卸车放蜂，蜂箱排放在公路边上，巢门向外（背对公路），傍晚再装车运输。

临时放蜂或蜂车停住，应对巢门洒水，否则其附近须有干净的水源，或在蜂车附近设喂水池。

### ▶ 卸车管理

到达目的地，停稳蜂车，即可解绳卸车，或对巢门边喷水边卸车，尽快把蜂群安置到位。然后向巢门喷水（勿向纱盖喷水），待蜜蜂安静后，即可打开巢门。如果蜂群不动，有闷死的危险，则应立刻打开大盖、副盖，撬开巢门。

如果运输途中停过车，蜜蜂偏集到装在周边的蜂箱里，在卸车时，须有目的地3群一组，中间放中等群势的蜂群，两边各放1个蜂多的蜂群和蜂少的蜂群，第二天，把左右两边的蜂群互换箱位。

### ▶ 结果评价

在养蜂生产中，开门运蜂可保障单王群或双王群的蜜蜂不会闷死，不会影响蜜蜂卵虫蛹的发育，并且蜂王产卵正常，群势下降不明显（图4-53）。在炎热的夏季，用汽车远距离开门运蜂，与关门

图4-53　开巢门法汽车运输西方蜜蜂，群势不降

（李东荣　摄）

运蜂相比，可使产值增加 30％左右，工蜂体色鲜艳，寿命正常。

开门运蜂对多王群（5 只蜂王）有影响，主要是幼虫会损（丢）失 1/3～1/2，但在落场后，蜂王很快正常产卵，蜂子发育正常。

# 五、中蜂群的管理

**目标**
- 掌握中蜂过箱技术
- 掌握中蜂格子箱饲养原理与措施
- 熟悉中蜂活框饲养特殊要求

中蜂饲养有活框和无框两种。活框养中蜂，可以借鉴意蜂饲养管理技术措施，可以向上叠加继箱，但有区别，蜂箱大小、蜂路、蜂蜜生产、越冬等都有其特点。无框养中蜂，有方形、圆形木桶饲养，或立或卧，散放山坡，有方形、圆形箱格饲养，立于基座之上，一般由下向上加箱格（圈），即格子蜂箱养中蜂，是无框养中蜂比较先进的一种方法。

## （一）格子蜂箱养中蜂

### ➤ 饲养基础

（1）概念　格子蜂箱养蜂，就是将大小适合、圆的或方的箱圈（图 5-1，图 5-2，图 5-3），根据蜜蜂群势大小、季节、蜜源等上下叠加，调整蜂巢空间，给蜂群创造一个舒适的生活环境，方便生产封盖蜂蜜。它是无框养蜂较为先进的方法之一。格子蜂箱养中蜂，管理较为粗放，即可业余饲养，也能专业养殖，只要场地合适、蜜源丰富，一人能管理数百蜂群（图 5-4）。

（2）饲养原理　自然蜂群巢脾上部用于贮存蜂蜜，之下贮存备用蜂粮，中部用于培养后代工蜂，下部为雄蜂巢房，底部边缘建造"皇宫"（育王巢房）。另外，中蜂蜂王多在新房产卵，蜜蜂造脾，

图 5-1　圆形格子蜂箱
（引自互联网）

图 5-2　方形格子蜂箱
（张中印　摄）

图 5-3　方形格子蜂箱
（张中印　摄）

图 5-4　李郭波中蜂格子箱养殖场
（张中印　摄）

蜂群生长，随着巢脾长大，蜜蜂个体数量增加。从这个角度讲，新脾新房是蜂群的生长点，巢脾是蜂群生命的载体。因此，根据中蜂的生活习性，设计制作横截面小、高度低、箱圈多的蜂箱，上部用于生产封盖蜂蜜，下部加箱圈增空间，下、下格子箱圈巢脾相连，达到老脾贮藏蜂蜜、新脾繁殖、减少疾病的目的。另外，夏季在下层箱圈下加一底座，可增加蜂巢空间，方便蜜蜂聚集成团，调节孵卵育虫的温度和湿度。

## ▶ 制作蜂箱

（1）格子蜂箱的结构　格子蜂箱由箱圈、箱盖、底座、副盖等组成（图5-5），主要有圆形和方形两种，也有根据市场需要制成其他形状的。方形的由四块木板合围而成，有带耳的，也有无耳的；圆形由多块木板拼成，或由中空树橛等距离分割形成。底座大小与箱圈一致，一侧箱板开巢门供蜜蜂出入，相对的箱板（即后方）制作成可开闭或可拆卸的大观察门（图5-6）。箱盖或平或凸，达到遮风、避雨、保护蜂巢的目的，兼顾美观；箱盖下蜂巢上还有一个平板副盖，起保温、保湿、阻蜂出入和遮光作用。

图5-5　方形格子箱结构

1.箱盖　2.底座　3.巢门　4.防盗器　5.箱圈　6.副盖

（张中印　摄）

图5-6　方形格子底座

（引自《养蜂之家》）

制作格子蜂箱的板材来自多个树种，厚度宜在 1.5～3.5 厘米。薄板箱圈因其保温性不好，故不能作为越冬箱体使用，用其生产的蜂蜜经过包装可直接销售；厚板箱圈保温性好可用于蜂群越冬，夏季使用可减少扇风工蜂数量。

（2）格子箱圈的大小　格子蜂箱的大小要依据中蜂生活习性而定，全国中蜂有九个地理类型，各地环境气候、种群大小、蜜源类型和多寡皆不一样，加上各人习惯和市场需要不同，所以，格子箱圈的大小没有全国统一标准（固定尺寸）。一般来讲，箱圈大小，除适合蜜蜂习性外，还要根据当地中蜂群势、蜜源丰歉、产品属性、饲养目的（如业余爱好、生产销售）而定。一般内围直径或边长不超过 25 厘米、不低于 18 厘米，高度不超过 15 厘米、不低于 6 厘米；箱圈小可高些，箱圈大可低些。综合各地经验，以意蜂郎氏标准巢脾为标准（一脾中蜂约有 3 000 只工蜂），箱圈大小与蜂群、蜜源的关系见（表 5-1）。

**表 5-1　箱圈大小与蜂群、蜜源的关系**

| 群势（脾） | 箱圈直径或边长（厘米） | 蜂蜜产量（千克） | 箱圈高度（厘米） | 备注 |
|---|---|---|---|---|
| 4～6 | 22 | ＜10 | 8～1 | |
| | | ＞10 | 10～12 | |
| 6～8 | 24 | ＜10 | 8～10 | |
| | | ＞10 | 10～12 | |
| 8～10 | 23 | ＞10 | 15 | 阳城 |
| | 25 | ＜10 | 8 | |
| | | ＞10 | 8～10 | |
| 说明 | | | | |

（3）格子箱圈的制作　方形格子箱圈分有耳和无耳两类。无耳箱圈由 4 块木板装订而成，木板拼接有榫无钉者，箱板薄（1.5 厘米以内），其箱圈本身作为销售包装的一部分；有榫铆钉者，箱板厚（2～3.5 厘米），坚固，仅作生产使用。有耳箱圈，指相对斜角

箱板突出成耳，耳长1.5～2厘米，板厚2厘米，圆形格子箱圈由侧边有凹凸槽的小木板拼接而成，外箍铁箍，或由竹条或钢丝将短而细的圆木串接起来，或由中空的树桠等距离分割而形成。

每套蜂箱配底座1个，平板副盖1个，箱盖1个，4～5格箱圈。

底座前开小门供蜂出入，后开大门，即后箱板可开闭，亦可拆装，供观察和管理之用。

（4）新箱处理　新箱圈有异味，蜂不愿进。清除异味方法如下。

①水处理：箱圈风干后泡糖水中，取出风干，清水冲洗后再风干备用；或者在箱圈内涂蜜蜡，蜜渣煮水泡箱。

②火处理：利用酒精灯火焰喷烧使箱圈表面碳化。

③烟处理：将格子箱圈、内盖左右交叉叠放，支离地面约50厘米，点燃木材、艾草熏烤。

新箱在收蜂或过箱使用时，还需要使用稀蜜水加少量食盐喷湿内壁。

## 管理操作技术

（1）添加格子　繁殖期，打开底座活动侧板（最好留存后边，与巢门相对应），查看蜂巢。如果巢脾即将达到底座圈中，就把原有蜂箱搬离底座，先在底座上部添加一个格子箱圈，再将格子蜂群放回新加格子箱圈之上。

生产期，大流蜜期在上添加格子箱圈，小流蜜期在下添加格子箱圈，适时取蜜。

（2）检查蜂群　打开底座活动侧板，点燃艾草绳，稍微喷出烟，蜂向上聚集，暴露脾下缘，从下向上观察巢脾，即能观察有无王台、造脾快慢、卵虫发育等情况，以便采取处置措施（图5-7）。亦可将箱圈联结固定，搬起箱圈与底座分离进行观察，并测试贮蜜多少和蜂群大小（图5-8）。

每次看蜂，喂点糖水，蜜蜂较温驯。

（3）捕捉蜂王　有向上撵和向下赶两种方法。

图 5-7　打开观察窗检查或饲喂蜂群
（张中印　摄）

图 5-8　搬起巢箱检查蜂群
（张中印　摄）

①向上撵：第一，准备一个与蜂巢相同的格子箱圈、一片同大的隔王板。先将被抓蜂王蜂巢搬离原址，另置底座于原箱位，再取蜂巢上盖盖于底座上，收拢回巢蜜蜂；第二，撤下副盖，并在蜂巢上方添加一层箱圈，其上加隔王板，隔王板上再加两层箱圈，盖上箱盖；第三，轻敲下部箱体，或用烟熏，或用风吹，驱蜂往上爬入空格结团；最后在隔王板下面箱圈中寻找蜂王，并用王笼关闭。

②向下赶：箱圈下底座上添加箱圈，关闭巢门，再将底座活动箱板（观察侧门）改换为纱窗封闭；然后使用风机向下吹蜂离脾，即时在空格和巢箱之间加上隔王扳。最后，工蜂上行护脾，在空格箱圈中寻找蜂王。

用以上两种方法找到蜂王关进王笼后，将蜂巢移到原来位置，再进行下一步的管理工作。

注意，赶蜂时向蜜蜂喷洒雾水，蜂更驯服，向上撵、向下赶，蜂巢在下或翻转，都可进行。

（4）**更换蜂王**　分蜂季节，清除王台。在蜂巢下方添加隔王板，将上层贮蜜箱取下置于隔王板下、底座上，诱入王台。新王交配产卵后，如果不分蜂，按正常加箱格管理，抽出隔王板，老蜂王自然淘汰；如果分蜂，待新王交尾产卵后，把下面箱体搬到预设位置的底座上，新王、老王各自分群生活。

（5）喂蜂　外界蜜源丰富，无框蜂群繁殖较快，外界粉、蜜稀少，隔天奖励饲喂。越冬前储备足够的封盖蜜，饲喂糖浆须早喂。

蜂蜜或白糖，前者加水 20%，后者加水 70%，混合均匀，置于容器，上放秸秆让蜂攀附，最后放在底座中，边缘与蜂团相接喂蜂。如果容器边缘光滑，用废脾片褙贴。

喂蜂的量，以当晚午夜时分工蜂搬运完毕为准。如果大量饲喂，须全场蜂群同时进行，而且要保证周边没有其他蜜蜂来盗。

（6）收蜂　准备好蜂箱，用布袋（尼龙袋）取树杈下或屋檐下的分蜂团，将布袋边部分反卷，直接套住分蜂团，向中间封口，抖蜂进箱内。或将袋子置底座中，反卷部分边口，蜜蜂自己上脾。或者先抓蜂王，关进笼子置于箱中，箱内涂蜜糖，用纸筒舀蜂进箱，以枝叶当扫帚，扫蜂进蜂箱。

另外，将木制梯形或竹制篓形收蜂笼挂在蜂场附近朝阳树枝上，或者将蜂箱置于向阳、显著的巨石旁，诱引分蜂群投靠。

（7）补蜂　当小群或交尾群子脾封盖后，将强弱两群互换箱位，利用外勤蜂补弱群。先准备香水混合液（1 升水＋香精少许），第一天傍晚给两群蜂喷雾，第二天早上蜂未出勤前重复一次，强群多喷，弱群少喷。蜜蜂大量出工后互换位置。如果发现有蜂斗架，则再喷香水。

（8）合并蜂群　打开箱盖，揭去副盖，盖上报纸，多打小孔，再添箱圈，将无王蜂抖入，盖上箱盖。3 天后撤报纸、去箱圈，如果蜂多，从下面加箱。

（9）迫蜂造脾　如果蜂巢不满箱，剩下的空间不造脾，在蜂群发展到 3 个箱体时，即巢脾高约 30 厘米，蜜、粉、子圈分明时。在第三箱圈与底座之间添加覆布一块，只挡有脾一侧，无脾一侧空出，蜜蜂就会在剩余空间做满蜂巢。

（10）防止盗蜂　中蜂养殖最怕起盗，根据实践，群众总结出

"中盗中一场空、强盗弱白忙活"的盗蜂危害性。解决方法如下。

①加阻蜂器：意蜂盗中蜂，加格栅阻隔器，格栅间隙4.0毫米。

②强弱互换箱位：把强群搬到弱群处，弱群搬到强群处，各群添加食用香精（忌用花露水），盗蜂立止。

③常年保持食物充足：留足蜂蜜饲料是最好的防盗方法。如果饲料不足，饲喂蜜蜂须傍晚进行，午夜搬完；在没有其他蜂场蜜蜂干扰的情况下，也可以全场同时大量饲喂。

（11）转场　割除最下一格巢脾，上下箱体连接固定，取下侧门，换上纱窗，关闭巢门，即可装车运蜂。

（12）活框过箱无框饲养

①裁切巢脾：保留卵房、花粉的新脾，蜂少裁成巴掌大小3～4块，蜂多可大，以蜂包脾形成球状为准。

②固定巢脾：将切好的巢脾穿插在箱内竹签上固定，并靠箱壁均匀排列（图5-9）。

图5-9　过　箱

（引自《养蜂之家》）

③将蜂王挂在脾边上。

④引蜂：用一张铜版纸（广告纸）卷一个Ｖ形纸筒，舀蜂堆放脾上，盖上箱盖，剩余蜜蜂抖落地上让其自行进巢。也可将格子箱圈置于活框箱上，所余缝隙用纸板堵住，敲击下面箱体，驱赶蜜蜂往上爬入。

如果蜂王丢失，则有蜜蜂扇风招王活动，及时导入带台小脾。如果蜂不进箱，原因可能是箱味太浓，可涂抹蜜渣消除。

## ▶ 蜂群繁殖

（1）春季蜂群繁殖

①时间：立春以后，蜜蜂采粉，即可进行春季繁殖管理。

②清扫：打开侧板，清除箱底蜡渣。

③缩巢：从底座上撤下蜂巢，置于井字形木架上，稍用烟熏，露出无糖边脾，用刀割除。然后根据蜜蜂多少，决定下面箱圈去留，最后将蜂巢回移到底座上。

④奖饲：通过侧门，每天或隔天傍晚喂蜂少量蜜水。

⑤扩巢：1个月左右，巢脾满箱，从下加第一个箱圈。以后，根据蜂群大小，逐渐从下加箱圈，扩大蜂巢。

（2）分蜂增殖　格子蜂箱分蜂也有自然与人工两种。分出蜜蜂要饲喂，加强繁殖。

①自然分蜂：自然分蜂，蜂王易交尾，蜂群长得快，蜜蜂造脾快。分蜂季节，检查蜂群，发现雄蜂出游，注意王台。王台封盖2天，工蜂啃咬蜡盖，只要天气晴朗，蜂群即可分蜂。

◆ 预测时间　每年中蜂都有比较固定的分蜂时间，即分蜂季节，如中原地区每年4月下旬到5月上中旬，蜂群经过一个春天的增长，蜂多蜜多，蜂群便集中培育蜂王闹分家。在分蜂期间，打开观察窗口，查看王台有无，估算出王时间。

◆ 捕捉蜂王　王台封盖后，蜂群出现分蜂迹象，在巢门安装多功能笼（可供中蜂自由进出，蜂王能进不能出，意蜂工蜂不能通过）。此后几天，注意观察，看见大量蜜蜂涌出巢门，在蜂场飞舞盘旋时，即表明分蜂开始。首先找到分蜂群，守在箱侧观察，待蜂出尽、工蜂设防，取下有王的多功能王笼。

◆ 原巢安置 等到分蜂出尽，将格子蜂巢不带底座迁移别处，并置于新的底座上；或者仅将蜂巢移出原来位置，待分蜂完成后，再把原箱放回原址。

原箱留王台1个，多余清除。

◆ 分蜂处理 首先准备新箱一套，内部绑定有蜜有粉子脾1～2块。

引蜂回巢。在原底座上放置新箱，将蜂王带笼置于巢门踏板上，吸引分蜂回巢，待多数蜜蜂进入蜂箱，打开笼门，让蜂王随工蜂进巢。分蜂收尽后，关闭巢门。注意通风，将分蜂群迁移到合适位置饲养，打开巢门。

引蜂入笼 在原址挂收蜂笼，将蜂王带笼置于收蜂笼中，或将有王笼挂在分蜂蜜蜂集中处的树枝上，招引分蜂蜜蜂进笼结团，蜂团稳定后，抖蜂入新箱。蜜蜂稳定后搬走另养，老（原）箱放原址。

格子箱圈收蜂或过箱初期，预留空间要大，等蜜蜂做脾后再根据蜂数增减箱体数量，在傍晚进行奖励喂养。

②人工分蜂

◆ 平均分蜂法 结合割蜜分蜂。先将上层贮蜜格子箱圈取走，再把有蜂子的格子蜂巢从中间用线平均分离，上下分开，分别置于底座之上，位于原箱左右，距离相等、相近。然后观察，蜂多的一群向外移，蜂少的一群向中间移，尽量做到两群蜂数量相当。如果将其中一群搬走，就多分配一些蜜蜂，弥补回蜂损失。通过观察，生活秩序井然的为有王群（一般王在下部箱圈），适当奖励糖水；飞出蜜蜂乱串、巢门口有蜂惊慌悲鸣、傍晚聚集巢门的可断定为无王群，应及时导入成熟王台或产卵蜂王，或等待其急造王台自行培育蜂王。

不割蜂蜜分蜂。蜂巢出雄蜂现王台便可分蜂。先去掉内外箱盖，上加格子箱圈1个，盖回箱盖。敲击箱体或由下向上喷烟赶蜂上行，蜂王随同。然后使用钢丝或刀片将蜂巢从中间上下分离，上部蜂多食多、无台有王，置于新址，上下加底座和箱盖；下部蜂少子多、无王有台，不动，待外勤蜂回巢养王，盖上箱盖。

操作应在上午进行，如果夜间进行原群应留适当蜜蜂，防止蜜蜂少、蜂群小，蜜蜂冻饿而死。

◆ **割脾分蜂法** 打开箱盖、副盖，上置收蜂笼，先驱赶蜜蜂让其爬进收蜂笼；找到蜂王，关进王笼，并挂于收蜂笼中，待蜂结团；其次，割下蜜脾，留下封盖子脾、花粉脾和少量的空脾，取下空蜜箱圈；第三，将子脾箱平均分割两块；或者将子脾按要求裁切，清除边缘残蜜，用竹签串起，相间排列，平均分到两个格子箱圈中；第四，原址放底座一个，再选新址放一个底座，然后将等量的带蜂子格子箱分别置于底座上，新址蜂巢带老王，用纸筒舀蜂于内，盖好箱盖；再将收蜂笼内的余蜂抖落于旧址箱内，导入王台或蜂王，并盖好箱盖。

◆ **圆桶箱圈人工分蜂** 当发现蜂群出王台，在晴天午前，先移开原箱，原址添加一格箱圈，从原群中割取子脾，裁成手掌大小，将其固定于箱圈中后，导入成熟王台，回巢蜜蜂即可养育出新王。

③分蜂管理：通过箱外观察判断，新王产卵，蜂多粉多；无王蜂群，巢门蜜蜂三三二二进出，长时不见带粉蜜蜂。处女群少干扰，不回粉，蜂黑亮，须淘汰。对分蜂群适量饲喂。

（3）预防分蜂 中蜂春分群，弱群也起台，若天气反常，点卵就分蜂。预防方法：一是早养王早分蜂；二是蜂箱遮阳，避免阳光直射；三是及时添加格子箱圈，增大内部空间；四是上下箱格（圈）开门供蜂出入。

分蜂季节，箱前突然冷冷清清，少有蜜蜂进出。下午倾斜蜂箱（桶），如果巢脾底部王台清晰可见，就在几个王台间寻找，发现老王，抓住关笼。

### ➤ 割取蜂蜜

当蜂群长大、蜂箱加到五个，向上整体搬动蜂箱，如果重量达到 10 千克以上，就可撤格割蜜。一般割取最上面的一格。

（1）操作技术　先准备好起刮刀、不锈钢丝或钼丝、艾草或香火、容器、螺丝刀、割蜜刀、L形割蜜刀、"井"字形垫木等。第一步，先取下箱盖斜靠箱后，再用螺丝刀将上下连接箱体螺钉松开（未连接没有这一步骤）；第二步，用起刮刀的直刃插入副盖与箱沿之间，撬动副盖，使其与格子一边稍有分离；第三步，将不锈钢丝横勒进去，边掀动起刮刀边向内拉动钢丝两头，并水平拉锯式左右和向内用力，割断副盖与蜜脾、箱沿的连接，取下副盖，反放在巢门前；第四步，点燃艾草或香火，从格子箱上部向下部喷烟，赶蜂下移，或者利用12伏特吹风机吹蜂下移，该法快捷、卫生；第五步，将起刮刀插入上层与第二层格子箱圈之间，套上不锈钢丝，用同样的方法，使上层格子与下层格子及其相连的巢脾分离；第六步，在分离的贮蜜箱格（圈）与下层箱格（圈）之间加2厘米高的箱格（圈），2小时左右，贮蜜箱格（圈）边缘蜂蜜被清理干净；第七步，搬走上层格子蜜箱，蜂巢上部盖好副盖和箱盖(图5-10)。

图5-10　割　蜜
（引自李郭波）

格子箱圈中的蜂蜜可以作为巢蜜，置于井字形木架上，清理边缘残蜜、包装后即出售。或者割下蜜脾、捣碎，经过80目或100目滤网过滤，形成分离蜂蜜。也可经过水浴加热将蜂蜜与蜂蜡分离，再行过滤；利用榨蜡机，可挤出蜂蜜。蜡渣可化蜡处理，也可作引蜂的诱饵，洗下的甜汁用作制醋的原料。

（2）高产措施　生产前添加格子箱圈，箱圈中加浅框或巢蜜格、盒造脾；流蜜期贮蜂蜜，蜜满其下再加新箱活框贮蜜，或者撤出格子蜜箱；花期结束，未封盖蜂蜜箱重返蜂巢上方，继续酿蜜成熟。如果贮蜜箱蜂蜜稠厚，就将蜜箱直接加到最上层；如果蜂蜜稀薄，将蜜箱加到下边第二层位置，达到奖励饲喂促进蜜蜂繁殖的作用。

### ➤ 蜂群越冬

根据蜂群大小，保留上部1～2个蜜箱，撤除下部箱圈，用编织袋从上套下，包裹蜂体2～6层，用小绳捆绑，缩小巢门。

另外，割除蜂巢中央一片无蜜空脾，留出空间供蜜蜂聚集。

### ➤ 蜂病防治

（1）幼虫病

①症状：

◆ 幼虫症状——幼虫腐烂，死亡蜂尸苍白色、无光泽、干枯，贴在房壁上，失去固有形态，但不成袋状，亦无臭味。3～18日龄幼虫、蛹均有死亡，花子。

◆ 成年蜜蜂症状——蜜蜂下垂至箱底成团，即蜜蜂离开巢脾聚集在下面集结（图5-11），几天之后多数蜜蜂消失，即成年蜜蜂死亡，3～5天群势下降70％，但在箱内和蜂场又不见死亡蜜蜂。

◆ 蜂巢变化——生病群蜂稀、脾黄，喂糖（药）不吃。

◆ 食物情况——生病群粉多房多但量少干燥（与无幼蜂和幼虫消耗有关），糖相对也多，繁殖差。

②病因分析：调查发现该病具有传染性，胡蜂也患此病。推测是成年蜂病引起，也可能是农药或除草剂慢性中毒所致。

③防治方法建议：隔离病群或焚毁病群，断子或换王，换箱更新巢脾（蜂群重新建巢），巴氏消毒。

（2）防治巢虫　巢虫是蜡螟的幼虫，钻蛀巢脾，致蛹死亡，防治方法如下。

①蜂箱合适：箱圈内围尺寸要按当地蜜源、群势具体情况来定，尺寸适合，宜略小不宜大。

图 5-11　蜂下垂不护子

（张中印　摄）

②更新蜂巢：一年割两三格蜜，脾新蜂旺，抑制巢虫发生。

③管理：蜂、格相称，阻虫上脾；及时清除箱底垃圾，消灭箱底卵虫；分蜂蜂群蜂少箱多，及时撤离多余箱格，奖励饲喂，驱赶巢虫。

④药物防治：将牛皮纸浸入敌百虫原液中 30 分钟，取出晾干，裁成 4cm×4cm 见方的纸片，并用细绳穿绑，从巢门插入箱底，4 天后拉出翻转纸面，再插入箱底。本方法先试再用，预防药害。

# （二）中蜂的活框饲养

利用蜂箱、巢框（图 5-12，图 5-13）像饲养意蜂一样饲养中蜂的方法，是中蜂生产的发展方向。

## ▶ 中蜂过箱

将无框饲养的蜂群转移到有框蜂箱内，或将蜂群转移到指定的活框蜂箱中的过程（操作），叫蜂群过箱。下面介绍饲养或暴露蜂巢的过箱操作过程。

图 5-12　添加继箱养中蜂
（张中印　摄）

图 5-13　活框蜂箱养中蜂
（张中印　摄）

（1）准备

①工具：蜂箱、巢框、刀（割蜜刀）和垫板、塑料容器、面盆、绳索、塑料瓶、桌、防护衣帽、香或艾草绳索，以及梯子等。

②时间选择：中蜂过箱，应在蜜粉源条件较好、蜂群能正常泌蜡造脾、气温在 16℃以上的晴暖天气、白天进行。

③蜂群：过箱蜂群一般应在 3～4 框足蜂以上，蜂群内要有子脾，特别是幼虫脾。3 框以下的弱群保温不好、生存力差，应待群势壮大后再过箱。

无框饲养的蜂群，先将蜂桶或板箱搬离原位，放到合适位置，并将新箱放置原位（图 5-14，图 5-15）。

（2）操作

①驱赶蜜蜂：用木棍或锤子敲击蜂桶，蜜蜂受到震动，就会离脾，跑到桶的另一端空处结团；或用烟熏蜂直接将蜂驱赶入收蜂笼中。

对于裸露蜂巢，使用羽毛或青草轻轻拨弄蜜蜂，露出边缘巢脾。

图 5-14　将过箱蜂移到合适位置
（张中印　摄）

图 5-15　新箱搬到原位，放入绑好的
巢脾，并将蜜蜂移入
（张中印　摄）

驱赶蜜蜂，认真查看，发现蜂王，务必装入笼中加以保护，并置于新箱中招引蜂群。

②割脾：右手握刀沿巢脾基部切割，左手托住，取下巢脾置于木板上进行裁切（图 5-16）。

图 5-16　取出巢脾，将蜜蜂赶（抖）进新箱后再平放在垫板上
（张中印　摄）

③裁切：用 1 个没有础线的巢框作模具，放在巢脾上，按照去老脾留新脾、去空脾留子脾、去雄蜂脾留粉蜜脾的原则进行切割，把巢脾切成稍小于巢框内径、基部平直且能贴紧巢框上梁的形状

（图 5-17，图 5-18）。

图 5-17 套上无线巢框裁脾　　　图 5-18 裁好的巢脾
（张中印 摄）　　　　　　　（张中印 摄）

注意，将多数蜂蜜切下另外贮存，留下少量够蜜蜂 3～5 天食用即可，以便减轻重量将巢脾固定在框架上。

④镶装巢脾：将穿好铁丝的巢框套装在已切割好的巢脾上（较小的子脾可以 2 块拼接成 1 框），在巢脾上端紧贴上梁，顺着框线，用小刀划痕，深度以接近房底为准，再用小刀把铁丝压入房底（图 5-19 至图 5-22）。

图 5-19 套上有线巢框　　　　　图 5-20 沿框线划痕至房底
（张中印 摄）　　　　　　　（张中印 摄）

⑤捆绑巢脾：在巢脾两面近边条 1/3 的部位用竹片将巢脾夹住，捆扎竹片，使巢脾竖起；再将镶好的巢脾用弧形塑料片从下面托住，用棉纱线穿过塑料片把它吊绑在框梁上。其余巢脾，依次切割捆绑（图 5-23）。

弧形塑料片可用废弃饮料瓶制作。

图 5-21　将框线压入痕沟至房底
（张中印　摄）

图 5-22　扶正巢脾
（张中印　摄）

图 5-23　绑　脾
（张中印　摄）

如果大量无框蜂群过箱，可按上述方法绑定巢脾，然后旋转蜂箱按序摆好，再将蜜蜂驱赶进箱，留下原巢巢脾，再割下捆绑，循环作业。

⑥恢复蜂巢：将捆绑好的巢脾立刻放进蜂箱内，子脾大的放中间，拼接的和较小的子脾依次放两侧，蜜粉脾放在最外边，巢脾间保持 6～8 毫米的蜂路，各巢脾再用钉子或黄胶泥固定。

⑦驱蜂进箱：用稍硬的纸卷成 V 形纸筒，将聚集在一旁的蜜蜂舀进蜂箱，倒在框梁上，注意，要把蜂王收入蜂箱。然后，将蜂箱支高置于原蜂群位置，巢门口对外，离开 1～2 小时，让箱外的蜜蜂归巢（图 5-24）。

（3）临时管理　过箱次日观察工蜂活动，如果积极采集和清除蜡屑，并携带花粉团回巢，表示蜂群已恢复正常。反之应开箱检查

图 5-24  恢复蜂巢

（张中印  摄）

原因进行纠正。3～4 天后，除去捆绑的绳索，整顿蜂巢，傍晚饲喂，促进蜂群造脾和繁殖。1 周后巢脾加固结实，即可运输至目的地，1 个月后蜂群得到发展（图 5-25，图 5-26）。

图 5-25  1 个月后检查蜂群

（张中印  摄）

图 5-26  子脾发展情况

（张中印  摄）

对饲养在蜂桶（窖）中的蜜蜂，如果采用活框蜂箱饲养，可参照此方法进行过箱。但在事前须利用敲击的方法，将蜜蜂驱赶到收蜂笼中，绑定巢脾后，再将蜜蜂震落箱中。

（4）注意事项

①中蜂过箱，一般选择外界蜜源丰富、蜜蜂繁殖时期，具有一定的群势大小和子脾数量。猎获野蜂群的时间宜在自然分蜂季节进行，以便留下部分蜂巢、蜜蜂和王台，作为再次猎获或野生蜜蜂延续种族的种子。

②2～3 人协作，动作准确轻快，割脾、裁剪规范，捆绑牢固、

平整，尽量减少操作时间。

③蜜蜂移居蜂箱，尽量保留子脾，让蜜蜂包围巢脾；要保证食物充足，缺少蜂蜜，当天喂糖浆 100 克左右，以在午夜之前搬完为宜。

④忌阳光曝晒，忌震动蜜蜂。勤观察，少开箱，及时处理蜂群逃跑问题。

## ▶ 蜂群管理

（1）**遴选场地**　中蜂多数定地饲养，场地以山区为宜，要求在场地周围 1.5 千米半径内，全年有 1～2 个比较稳定的主要蜜源（如荆条、山葡萄、酸枣等）和连续不断的辅助蜜源，无有害蜜源；水源充足，水质洁净。方圆 200 米内的温度、湿度和光照要适宜，避免选在风口、水路和低洼处，要求背风、向阳，冬暖夏凉，巢门前面开阔，背面有挡风屏障。还要考虑诸如虫、兽、水、火等对人、蜂可能造成的危险，两蜂场之间相距 2 千米左右，距离意大利蜂蜂场 2.5 千米以上。另外，还要避开化工厂、粉尘厂、糖浆厂、养殖场等。少数中蜂小转地放养，场地在蜜源中心或边缘皆可，要求蜂路开阔，蜂场标志明显。

（2）**摆放蜂群**　摆放蜂箱前，先把场地清理干净，蜂群可摆放在房前屋后，也可散放在山坡。蜂箱前低后高，左右平衡，巢门朝向南向和东南向皆可。

①置于庭院：置于房前屋后的蜂群，应将蜂箱支离地面 25 厘米以上，经常打扫蜂场，保持蜂群卫生，并要防止蚁兽等对蜜蜂的侵害有些群众将蜂箱（桶）悬挂在房屋墙壁上（图 5-27）。

②散放山坡：散放山坡的蜂群（图 5-28），每个点可放蜂 30 群左右（在蜜源丰富、连贯的条件下可多放）。在着重考虑蜜源利用和温湿度对蜂群影响的同时，交通要相对方便、安全，还要注意预防自然灾害。

③集中排列：集中排列蜂群时，以 3～4 群为一组，背对背方向各异，应以利于蜜蜂识别巢门方位、便于管理和不引起盗蜂为准，充分利用地形、地物，使各群巢门尽量朝不同方向或处于不同

图 5-27　蜂群置于庭院、房前屋后及墙壁
（薛文清　摄）

图 5-28　蜂群散放山坡

高低位置。

（3）检查蜂群

①箱外观察：检查中蜂，多以箱外观察为主，根据蜜蜂的生物学特性和养蜂的实践经验，在蜂场和巢门前观察蜜蜂行为和现象，从而分析和判断蜂群的情况。

繁殖季节，如天气晴朗，工蜂进出巢穴频繁，说明群强，外界蜜源充足。工蜂携带花粉，说明蜂王产卵多、繁殖好。工蜂在巢门附近摇动双翅、来回爬行、不安，以及工蜂体色暗淡，都是蜂群无王的表现。工蜂伺机瞅缝隙钻空子进巢，则为蜜源中断的现象。巢穴中散发出腥或酸臭味，则蜂群患了幼虫腐烂病。

如工蜂体色淡黄、略透明且行动迟缓，则可能有天敌寄生。

蜂场发现有胡蜂飞行或金龟子等，可能蜂群刚受到胡蜂为害和金龟子的干扰。

冬季，巢门前有蜜蜂翅膀，箱内必有鼠。抬举蜂箱，以其轻重判断食物盈缺。拍打蜂箱，蜂群正常时蜜蜂会发出整齐的嗡鸣声。

②开箱检查：

◆ 开箱检查注意事项　开箱检查要有计划，主要在分蜂季节、育种换王时期、越冬前后进行。开箱检查蜂群次数尽量少，时间尽量短，天气尽量好，蜜源宜丰富。操作时要穿戴防护衣帽，备齐起刮刀、喷水壶等工具。操作要求轻、稳、快、准，提脾放脾须直上直下，防止碰撞挤压蜜蜂，还须注意覆盖暴露的蜂巢，预防盗蜂。

检查结束，对蜂群的群势大小、蜜蜂稀稠、饲料多少、蜂王优劣、王台有无、蜂子生长、蜜蜂健康等作出判断，记录存档，制定管理措施。

◆ 开箱检查操作规程　开箱检查与检查意蜂相似，参照"四、意蜂群的管理"进行。

③蜂群管理注意事项：管理中蜂，必须要遵循选用年轻优质蜂王、每年更新巢脾、尽量少开箱和少打扰蜂群，减少取蜜次数和始终保持蜂群饲料充足的原则，防止雨淋和日光曝晒蜂群，保持蜂多于脾，饲养强群。蜂蜜生产，只取蜜脾，勿摇动子脾。蜂群越冬，蜂巢中间加空巢框，供蜜蜂聚集。

其他管理措施参照意蜂进行。

# 六、蜂产品的生产

**目标**
- 了解各种蜂产品的生产原理
- 掌握蜂产品生产的操作技术
- 熟悉蜂产品优质高产的措施

## （一）蜂蜜的生产

现代养蜂，生产蜂蜜的方法有分离蜜、蜂巢蜜和压榨蜜三种。

### 分离蜂蜜

分离蜂蜜是利用分蜜机的离心力，把贮存在巢房里的蜂蜜甩出来，并用容器承接收集。

（1）生产准备　在生产蜂蜜的当天早上，清扫蜂场并洒水，保持生产场所及周围环境的清洁卫生。用清水冲洗生产工具、盛蜜容器等与蜂蜜接触的一切器具，晒干备用，必要时使用75％的酒精消毒。生产人员穿着工作服，戴帽、戴口罩，注意个人卫生（图6-1），以及必要的防护着装。

（2）操作规程　包括脱落蜜蜂→切割蜜盖→分离蜂蜜→归还巢脾4个步骤。

①脱落蜜蜂：把附着在蜜脾上的

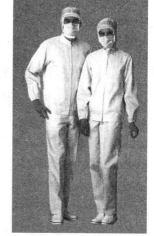

图 6-1　食品工业工作服
（引自尊龙工作服）

126

蜜蜂脱离蜜脾，其方法有抖落蜜蜂和吹风机吹落蜜蜂等。

◆ 抖落蜜蜂　人站在蜂箱一侧，打开大盖，把贮蜜继箱搬下，搁置在仰放的箱盖上，并在巢箱上放 1 个一侧带空脾的继箱；然后推开贮蜜继箱的隔板，腾出空间，两手紧握框耳，依次提出巢脾，对准新放继箱内空处、蜂巢正上方，依靠手腕的力量，上下迅速抖动 2～3 下，使蜜蜂落下，再用蜂扫扫落巢脾上剩余的蜜蜂（图 6-2）。脱蜂后的蜜脾置于搬运箱内，搬到分离蜂蜜的地方。当蜂扫沾蜜发黏时，将其浸入清水中涮干净，甩净水后再用。

◆ 吹落蜜蜂　将贮蜜继箱置于吹风机的铁架上，使喷嘴朝向蜂路吹风，将蜜蜂吹落到蜂箱的巢门前（图 6-2）。

图 6-2　脱　蜂
（张中印　摄）

②切割蜜盖：左手握蜜脾的一个框耳，另一个框耳置于割蜜盖架上（井字形木架）或其他支撑点上，右手持刀紧贴蜜房盖从下向上顺势徐徐拉动，割去一面房盖，翻转蜜脾再割另一面，割完后送入分蜜机里进行分离。为提高切割效率，可采用电热割蜜刀切割（图 6-3），大型养蜂场还用电动割蜜盖机（图 6-4）。

③分离蜂蜜：将割除蜜房盖的蜜脾置于分蜜机的框笼里，转动摇把，由慢到快，再由快到慢，逐渐停转，甩净一面后换面或交叉

图 6-3　切割蜜房盖

（朱志强　摄）

图 6-4　电动切蜜盖机切割蜜房盖

（引自刘富海）

换脾，再甩净另一面（图 6-5）。

　　在大型蜂场设置有取蜜车间或流动取蜜车，配备辐射式自动蜂蜜分离机等，用于提高劳动效率。在分离蜂蜜过程中，分蜜机的转速随着巢脾上蜂蜜被甩出从低速而逐渐加快，并以 250～350 转/分的速度将巢脾中残留的蜂蜜分离出来（图 6-6）。

　　④归还巢脾：取完蜂蜜的巢脾，清除蜡瘤、削平巢房口后，立即返还蜂群。

图 6-5　分离蜂蜜 1——手工摇蜜和过滤

（朱志强　摄）

图 6-6　分离蜂蜜 2——电动分蜜机取蜜

（张中印　摄）

　　采收平箱群的蜂蜜，首先要把该取的巢脾提到运转箱内，把有王脾和余下的巢脾按管理要求放好，再抖"蜜脾"上的蜜蜂于巢箱中，随抖蜂随取蜜、还脾。

　　（3）贮存方法　分离出的蜂蜜，及时撇去上浮的泡沫和杂质，并用 80 目或 100 目无毒滤网过滤，再装入专用包装桶内，每桶盛装 75 千克或 100 千克，贴上标签，注明蜂蜜的品种、浓度、生产日期、生产者、生产地点和生产蜂场等，最后封紧桶口（图 6-7），贮存于通风、干燥、清洁的仓库中，按品种、浓度进行分等、分级，分别堆放、码好，不露天存放。在运输时，蜜桶叠好、捆牢，尽量避免日晒雨淋，缩短运输时间。

图 6-7 贮存蜂蜜

（张中印 摄）

**（4）优质高产**

①优质措施：选择蜜源丰富、环境良好的地方放蜂，饲养强壮蜂群，多个继箱供蜜蜂采蜜贮蜜；在主要蜜源泌蜜开始后清干净蜂巢中原有蜂蜜，单独存放。在花期即将结束或巢内出现巢白（巢房加高现象）、贮蜜房有 1/3 封盖（图 6-8）时，于早上 6～10 时取蜜。新取蜂蜜浓度不低于 40.5 波美度*。严格按操作规程和卫生要求取蜜，严禁污染。

图 6-8 封盖蜜脾

（张中印 摄）

---

　* 波美度为非法定计量单位，生产中常用，本书中仍保留，20℃下 40.5°Bé 液态蜂蜜的含水量为 22.3%。

②高产措施：蜜源丰富，新王强群，适时控制繁殖。

### ▶ 生产巢蜜

蜜蜂把花蜜酿造成熟贮满蜜房、泌蜡封盖并直接作为商品被人食用的叫巢蜜。

（1）工艺流程　巢蜜生产的工艺流程如图 6-9 所示。

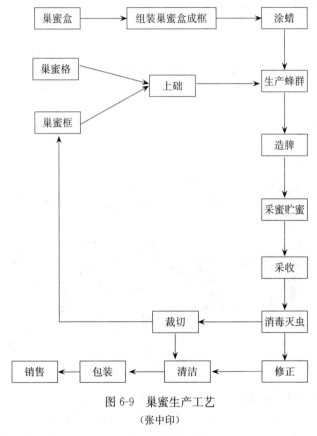

图 6-9　巢蜜生产工艺

（张中印）

（2）操作方法

①组装巢蜜框：巢蜜框架大小与巢蜜盒（格）配套，四角有钉子，高约 6 毫米。先将巢蜜框架平置在桌上，把巢蜜盒每两个盒底上下反向摆在蜜框内，再用 24 号铁丝沿巢蜜盒间缝隙竖捆两道，

等待涂蜡（图 6-10）。或者把巢蜜盒（或格）组合在巢蜜框架内，置于 T 形和 L 形托架上即可（图 6-11）。

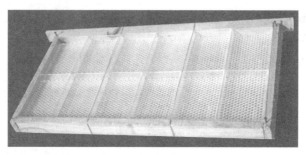

图 6-10　组盒成框
（孙士尧　摄）

图 6-11　圆形巢蜜盒、架组合成箱
（张中印　摄）

②镶础或涂蜡：

◆ 盒底涂蜡　首先将纯净的蜜盖蜡加开水融化，然后把盒子础板（图 6-12）在被水融化的蜂蜡里蘸一下，再放到巢蜜盒内按一下，整框巢蜜盒就涂好蜂蜡备用。为了生产的需要，涂蜡要尽量薄少。

◆ 格内镶础　先把巢蜜格套在格子础板上，再把切好的巢础

图 6-12　巢蜜础板
(引自 Killion)

置于巢蜜格中，用熔化的蜡液沿巢蜜格巢础座线将巢础黏牢，或用巢蜜础轮沿巢础边缘与巢蜜格巢础座线滚动，使巢础与座线黏合。

③修筑巢蜜房：利用生产前期蜜源修筑巢蜜脾，约 3～4 天即可造好巢房。在巢箱上一次加两层巢蜜继箱，每层放 3 个巢蜜框架，上下相对，与封盖子脾相间放置，巢箱里放 6～7 张巢脾（图 6-13）。也可用十框标准继箱，将巢蜜盒、格组放在特制的巢蜜格框内。

④组织生产群：单王生产群，在主要蜜源植物泌蜜开始的第 2天调整蜂群，把继箱卸下，巢箱脾数压缩到 6～7 框，提出蜜粉脾（视具体情况调到副群或分离蜜生产群中），巢箱内子脾按正常管理排列后，针对蜂箱内剩余空间可采用二七分区管理法：用闸板分开，小区做交配群（图 6-14）。巢箱调整完毕，在其上加平面隔王板，隔王板上面放巢蜜箱。

⑤管理生产群：

◆ 叠加继箱　组织生产蜂群时加第一继箱，箱内加入巢蜜框后，应达到蜂略多于脾，待第一个继箱贮蜜 60％ 时，蜜源仍处于流蜜盛期，及时在第一个继箱上加第二个继箱，同时把第一个继箱前、后调头；当第一个继箱的巢蜜房已封盖 80％，将第一个巢蜜

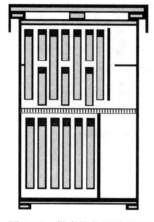
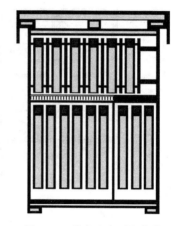

图 6-13　巢蜜格与子脾排列　　图 6-14　巢蜜生产群的蜂巢

继箱与第二个调头后的继箱互换位置；若蜜源丰富，第二个继箱贮蜜已达 70％，则可考虑加第三继箱，第三继箱直接放在前两个继箱上面；第一个继箱的巢蜜房完全封盖时，及时撤下（图 6-15）。

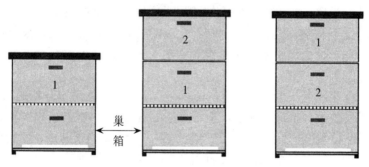

图 6-15　巢蜜继箱叠加顺序
1. 第一继箱　2. 第二继箱

◆ 控制分蜂　生产巢蜜的蜂群须应用优良新王，及时更换老劣蜂王；加强遮阳通风；积极进行王浆生产。

◆ 控制蜂路　采用 10 框标准继箱生产整脾巢蜜时，蜂路控制在 5～6 毫米为宜；采用 10 框浅继箱生产巢蜜时，蜂路控制在 7～8 毫米为佳。

◆ 促进封盖 当主要蜜源即将结束，蜜房尚未贮满蜂蜜或尚未完全封盖时，要及时用同一品种的蜂蜜强化饲喂。没有贮满蜜的蜂群喂量要足，若蜜房已贮满等待封盖，可在每天晚上酌情饲喂。饲喂期间揭开覆布，以加强通风，排除湿气。

◆ 预防盗蜂 为被盗蜂群做一个长宽各 1 米、高 2 米，四周用尼龙纱围着的活动纱房，罩住被盗蜂群。被盗不重时，只罩蜂箱不罩巢门；被盗严重时，蜂箱、巢门一起罩上，开天窗让蜜蜂进出，待盗蜂离去、蜂群稳定后再搬走纱房。利用无色透明塑料布罩住被盗蜂群，亦可达到撞击、恐吓直至制止盗蜂的目的。在生产巢蜜期间，各箱体不得前后错开来增加空气流通。

⑥采收与包装：

◆ 采收 巢蜜盒（格）贮满蜂蜜并全部封盖后，把巢蜜继箱从蜂箱上卸下来，放在其他空箱（或支撑架）上，用吹风机吹出蜜蜂（图 6-16）。

图 6-16 卸下巢蜜继箱
（李新雷 摄）

◆ 灭虫 用含量为 56% 的磷化铝片剂对巢蜜进行熏蒸，在相叠密闭的继箱内按 20 张巢蜜脾放 1 片药，进行熏杀，15 天后可彻底杀灭蜡螟的卵、虫。

◆ 修正　将灭虫的巢蜜脾从继箱中提出，解开铁丝，用力推出巢蜜盒（格），然后用不锈钢薄刀片逐个清理巢蜜盒（格）边沿和四角上的蜂胶、蜂蜡及污迹，对刮不掉的蜂胶等，用棉纱浸酒精擦拭干净，再盖上盒盖或在巢蜜格外套上盒子（图6-17）。

图6-17　格子巢蜜的修整与包装
（张中印　摄）

◆ 包装　如果生产的是整脾巢蜜（图6-18），则须经过裁切和清除边蜜（图6-19）后进行包装（图6-20，图6-21）。

图6-18　整脾巢蜜
（李新雷　摄）

图 6-19 切割巢蜜脾，清除边缘残蜜

（引自 www.honeyflowfarm.com）

图 6-20 切割巢蜜，用玻璃纸包裹后再用透明塑料盒包装

（张中印 摄）

◆ 贮藏/运输 根据巢蜜的平整与否、封盖颜色、花粉房的有无、重量等进行分级和分类，剔除不合格产品，然后装箱。在每 2 层巢蜜盒之间放 1 张纸，防止盒盖磨损，再用胶带纸封严纸箱，最后把整箱巢蜜送到通风、干燥、清洁的仓库中保存，温度 20℃ 以下为宜。若长久保存，室内相对湿度应保持在 50%～75%。按品

图 6-21　巢蜜直接贮藏在玻璃瓶，切割巢蜜与液态蜂蜜同装进玻璃瓶中
（张中印　摄）

种、等级、类型分垛码放，纸箱上标明防晒、防雨、防火、轻放等标志。

在运输巢蜜过程中，要尽力减少震动、碰撞，要盖好、垫好，避免日晒雨淋，防止高温，尽量缩短运输时间。

（3）优质高产　新王、强群和蜜源充足是提高巢蜜产量的基础，选育产卵多、进蜜快、封盖好、抗病强、不分蜂的蜂群（如用东北黑蜂为母本、黄色意蜂作父本的单交或双交蜂种）连续生产，可加快生产速度，安排 2/3 的蜂群生产巢蜜，1/3 的蜂群生产分离蜜，在流蜜期集中生产，流蜜后期或流蜜结束，集中及时喂蜜。

在生产巢蜜的过程中，严格按操作要求、巢蜜质量标准和食品卫生要求进行。坚持用浅继箱生产，严格控制蜂路大小和巢蜜框竖直。防止污染，不用病群生产巢蜜。饲喂的蜂蜜必须是纯净、符合卫生标准的同品种蜂蜜，不得掺入其他品种的蜂蜜或异物，生产饲喂工具无毒，用于灭虫的药物或试剂，不得对巢蜜外观、气味等造成污染。在巢蜜生产期间，不允许给蜂群喂药，防止抗生素污染。

# （二）蜂王浆的采集

## ➤ 计量蜂王浆

以重量来计算的蜂王浆生产方式。

生产蜂王浆的原理就是模拟蜂群培育蜂王的特点（图 6-22），然后仿造和引诱蜜蜂分泌蜂王浆。

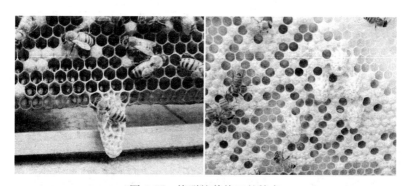

图 6-22　蜂群培养蜂王的特点
（张中印　黄智勇　摄）

（1）工艺流程　见图 6-23。

（2）操作技术

①安装浆框：用蜡碗生产的，首先黏装蜡台基，每条 20～30 个。用塑料台基生产的，每框装 4～10 条，用金属丝绑在浆框条上即可（图 6-24）。

②亲台：将安装好的浆框插入产浆群中，让工蜂修理 2～3 小时，即可取出移虫。漏掉的台基补上，啃坏的台基换掉。第一次使用的塑料台基，须置于产浆群中修理 12～24 小时，正式移虫前，在每个台基内加点新鲜蜂王浆，可提高接受率。

③移虫：从供虫群中提出虫脾，左手提握框耳，轻轻抖动，使

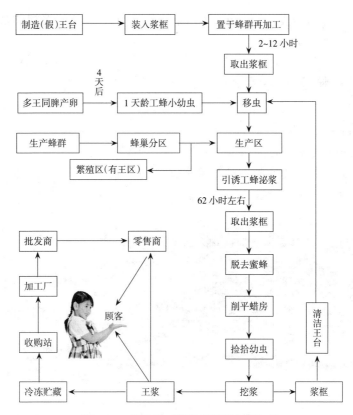

图 6-23　获得蜂王浆的程序繁杂而细微

(张中印)

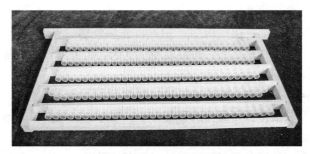

图 6-24　将双排塑料台基条捆绑在王浆框上

(张中印　摄)

蜜蜂跌落箱中，再用蜂扫扫落余蜂于巢门前。移虫在晴暖无风的天气进行，场所清洁卫生，气温 20～30℃、相对湿度 75％～80％。如果空气干燥，可在地面洒温水。移虫时须避免阳光直射幼虫。虫脾平放在承脾木盒中，使光线照到脾面上，再将育王框（或王台基条）置其上，转动待移虫的台基条，使台基口向上斜。

选择巢房底部王浆充足、有光泽、孵化约 24 小时的工蜂幼虫（图 6-25），将移虫针的舌端沿巢房壁插入房底，从王浆底部越过幼虫，顺房口提出移虫针，带回幼虫，将移虫针端部送至台基底部，推动推杆，移虫舌将幼虫推

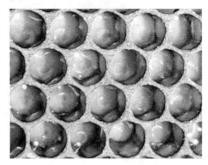

图 6-25　培育适龄王浆虫
（张中印　摄）

向台基的底部，退出移虫针（图 6-26，图 6-27）。速度 3～5 分钟移 100 条左右。

图 6-26　移虫针的正确用法　　　　图 6-27　移　虫
　　（张中印　摄）　　　　　　　　　　（张中印　摄）

④插框：移好 1 框，将王台口朝下放置，及时加入生产群生产区中，引诱工蜂泌浆喂虫（图 6-28）。暂时置于继箱的，上放湿毛巾覆盖，待满箱后同时放框；或将台基条竖立于桶中，上覆湿毛

巾，集中装框，在下午或傍晚插入最适宜。

图 6-28 引诱工蜂泌浆喂虫
（叶振生 摄）

⑤补虫：移虫 2～3 小时后，提出浆框进行检查，凡台中不见幼虫的（蜜蜂不护台）均需补移，使接受率达到 90% 左右。

⑥收框：移虫 62～72 小时，在下午 13～15 时提出采浆框（图 6-29），捏住浆框一端框耳轻轻抖动，把上面的蜜蜂抖落于原处，用清洁的蜂刷拂落余蜂。

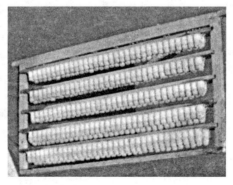

图 6-29 提取浆框，清除蜜蜂
（龚一飞 摄）

⑦削平房壁：用喷雾器从上框梁斜向下对王台喷洒少许冷水（不要对着王台口），用割蜜刀削去王台顶端加高的房壁，或者顺塑

料台基口割除加高部分的房壁，留下长约 10 毫米有幼虫和蜂王浆的基部（图 6-30），切勿割破幼虫。

图 6-30　割除加高的房壁

⑧捡虫：削平王台后，立即用镊子夹住幼虫的上部表皮，将其拉出，放入容器（图 6-31），注意不要夹破幼虫，也不要漏捡幼虫。

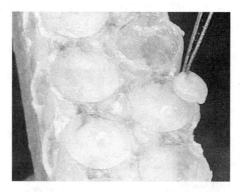

图 6-31　捡　虫
（张中印　摄）

⑨挖浆：用挖浆铲顺房壁插入台底，稍旋转后提起，把蜂王浆刮带出台，然后刮入蜂王浆瓶（壶）内（瓶口可系 1 线，利于刮落），并重复一遍刮尽（图 6-32）。至此，生产蜂王浆的一个流程完成，历时 2～3 天。蜂王浆的生产由前一批结束到开始第二批的

图 6-32　刮下的蜂毒
（周传鹏　摄）

生产，在取浆后要尽可能快地把幼虫移入刚挖过浆还未干燥的前批台基内，将前批不被接受的蜡碗割去，在此位置补 1 个已接受的老蜡碗。如人员足够，应分批提浆框→分批取王浆→分批移幼虫→随时下浆框，循环生产。

⑩贮藏：生产出的蜂王浆及时用 60 目或 80 目滤网，经过离心或加压过滤，按 0.5 千克、1 千克和 6 千克分装入专用瓶或壶内并密封（图 6-33），存放在 −15～−25℃ 的冷库或冰柜中贮藏。

图 6-33　内衬袋外套盒包装王浆
（张中印　摄）

（3）蜂群管理　包括组织生产群和供虫群，管理生产群等。

①组织生产群：

◆ 大群产浆　春季提早繁殖，群势平箱达到9～10框，工蜂满出箱外，蜂多于脾时，即加上继箱，巢、继箱之间加隔王板，巢箱繁殖，继箱生产。

选产卵力旺盛的新王导入产浆群，维持强群群势11～13脾蜂，使之长期稳定在8～10张子脾，2张蜜脾，1张专供补饲的花粉脾（大流蜜后群内花粉缺乏时需迅速补足），巢脾布置巢箱为7脾，继箱4～6脾。这种组织生产群的方式适宜小转地、定地饲养。春季油菜大流蜜期用10条33孔大型台基条取浆，夏秋用6～8条台基条取浆。

◆ 小群产浆　平箱群蜂箱中间用立式隔王板隔开，分为产卵区和产浆区，2区各4脾，产卵区用1块隔板，产浆区不用隔板。浆框放产浆区中间，两边各2脾。流蜜期，产浆区全用蜜脾，产卵区放4张脾供产卵；无蜜期，蜂王在产浆区和产卵区10天一换，这样8框全是子脾。

②组织供虫群：

◆ 选择虫龄　主要蜜源花期，选移15～20小时龄的幼虫；在蜜、粉源缺乏时期则选移24小时龄的幼虫。

◆ 虫群数量　早春将双王群繁殖成强群后，拆除部分双王群，组织双王小群——供虫群。供虫群占产浆群数量的12%，例如，一个有产浆群100群的蜂场，可组织双王群12箱，共24只蜂王产卵，分成A、B、C、D 4组，每组3群，每天确保6脾适龄幼虫供移虫专用。

◆ 组织方法　在组织供虫群时，双王各提入1框大面积正出房子脾放在闸板两侧，出房蜜蜂维持群势。A、B、C、D 4组分4天依次加脾，每组有6只蜂王产卵，就分别加6框老空脾，老脾色深、房底圆，便于快速移虫。

◆ 调用虫脾　向供虫群加脾供蜂王产卵和提出幼虫脾供移虫的间隔时间为4天，4组供虫群循环加脾和供虫，加脾和用脾顺序见表 6-1。

**表 6-1 专用供虫群加脾和用脾顺序（天）**

| | 加空脾供产卵 | 提出移虫 | 加空脾供产卵 | 调出备用 | 提出移虫 | 加空脾供产卵 | 调出备用 |
|---|---|---|---|---|---|---|---|
| A | $1_{P1}$ | $5_{P1}$ | $5_{P2}$ | $6_{P1}$ | $9_{P2}$ | $9_{P3}$ | $10_{P2}$ |
| B | $2_{P1}$ | $6_{P1}$ | $6_{P2}$ | $7_{P1}$ | $10_{P2}$ | $10_{P3}$ | $11_{P2}$ |
| C | $3_{P1}$ | $7_{P1}$ | $7_{P2}$ | $8_{P1}$ | $11_{P2}$ | $11_{P3}$ | $12_{P2}$ |
| D | $4_{P1}$ | $8_{P1}$ | $8_{P2}$ | $9_{P1}$ | $12_{P2}$ | $12_{P3}$ | $13_{P2}$ |

\* P1、P2……为第一次加的脾、第二次加的脾……

◆ 维持群势 长期使用供虫群，按期调入子脾，撤出空脾。

◆ 小蜂场组织供虫群 选择双王群，将一侧蜂王和适宜产卵的黄褐色巢脾（育过几代虫的）一同放入蜂王产卵控制器（图6-34），蜂王被控制在空脾上产卵2～3天，第4天后即可取用适龄幼虫，并同时补加空脾，一段时间后，被控的蜂王与另一侧的蜂王轮流产适龄幼虫。

图 6-34 单脾控王笼
（张中印 摄）

③管理生产群：

◆ 双王繁殖，单王产浆 秋末用同龄蜂王组成双王群，繁殖适龄健康的越冬蜂，为来年快速春繁打好基础。双王春繁的速度比单王快，加上继箱后采用单王群生产。

◆ 换王选王，保持产量　蜂王年年更新，新王导入大群，50～60 天后鉴定其蜂王浆生产能力，将产量低的蜂王迅速淘汰再换上新王。保持蜂多于脾。

◆ 调整子脾　大群产浆，春秋季节气温较低时提 2 框新封盖子脾保护浆框，夏天气温高时提上 1 框子脾即可。10 天左右子脾出房后再从巢箱调上新封盖子脾，出房脾返还巢箱以供产卵。

◆ 维持蜜、粉充足　在主要蜜粉源花期，养蜂场应抓住时机大量繁蜂。无天然蜜粉源时期，群内缺粉少糖，要及时补足，最好喂天然花粉，也可用黄豆粉配制粉脾饲喂。方法：黄豆粉、蜂蜜、蔗糖按 10：6：3 重量配制。先将黄豆炒至九成熟，用 0.5 毫米筛的磨粉机磨粉，按上述比例先加蜂蜜拌匀，将湿粉从孔径 3 毫米的筛上通过，形如花粉粒，再加蔗糖粉（1 毫米筛的磨粉机磨成粉）充分拌匀灌脾，灌满巢房后用蜂蜜淋透，以便工蜂加工捣实，不变质。粉脾放置在紧邻浆框的一侧，这样，浆框一侧为新封盖子脾，另一侧为粉脾，5～7 天重新灌粉 1 次。

定地和小转地的蜂场，在产浆群贮蜜充足的情况下，做到糖浆"二头喂"，即浆框插下去当晚喂 1 次，以提高王台接受率；取浆的前一晚喂 1 次，以提高蜂王浆产量。大转地产浆蜂场要注意蜜不能摇得太空，转场时群内蜜要留足，以防到下一个场地时遇下雨天或者不流蜜，造成蜂群拖子，蜂王浆产量大跌。

◆ 控制蜂巢温度、湿度　蜂巢中产浆区的适宜温度是 35℃左右，相对湿度 75％左右。气温高于 35℃时，蜂箱应放在阴凉地方或在蜂箱上空架起凉棚，注意通风，必要时可在箱盖外浇水降温，最好是在副盖上放一块湿毛巾。

◆ 蜂蜜和王浆分开生产　生产蜂蜜时间宜在移虫后的次日进行，或上午取蜜、下午采浆。

◆ 分批生产　备四批台基条，第四批台基条在第一批产浆群下浆框后的第 3 天上午用来移虫，下午抽出第一批浆框时，立即将第四批移好虫的浆框插入，达到连续产浆。第一批的浆框可在当天下午或傍晚取浆，也可在第二天早上取浆，取浆后上午移好虫，下午把第二批浆框抽出时，立即把第一批移好虫的浆框插入第二批产浆群中，如此循环，周而复始。

（4）优质高产

①选用良种：中华蜜蜂泌浆量少，黄色意蜂泌浆量多。选择蜂王浆高产和10-HDA含量高的种群，培育产浆蜂群的蜂王。引进王浆高产蜂种，然后进行育王，选育出适合本地区的蜂王浆高产品种。

②强群生产：产浆群应常年维持12框蜂以上的群势，巢箱7脾，继箱5脾，长期保持7～8框四方形子脾（巢箱7脾，继箱1脾）。

③下午取浆：下午取浆比上午取浆产量约高20%。

④选择浆条：根据技术、蜂种和蜜源，选择圆柱形有色台基条和适时增加或减少王台数量，一般12框蜂用王台100个左右。

⑤延长产浆期、连续取浆：早春提前繁殖，使蜂群及早投入生产。在蜜源丰富季节抓紧生产，在有辅助蜜源的情况下坚持生产，在蜜源缺乏但天气允许的情况下，视投入产出比，如果有利润，喂蜜喂粉，不间断生产，喂蜜喂粉要充足。

⑥虫龄适中、虫数充足：利用副群或双王群，建立供虫群，适时培育适龄幼虫。48小时取浆，移48小时龄的幼虫；62小时取浆，移36小时龄的幼虫；72小时取浆，移24小时龄内的幼虫。适时取浆，有助于防止蜂王浆老化或水分过大。

⑦饲料充足：选择蜜粉丰富、优良的蜜源场地放蜂，蜜粉缺乏季节，浆框放幼虫脾和蜜粉脾之间，在放入浆框的当晚和取浆的前1天傍晚奖励饲喂，保持蜂王浆生产群的饲料充足。对蜂群进行奖励时禁用添加剂饲料，以免影响蜂王浆的色泽和品质。

⑧加强管理、防暑降温：外界气温较高时浆框可放边二脾的位置，较低时应放中间位置。

⑨蜂群健康：生产蜂群须健康无病，整个生产期和生产前1个月不用抗生素等药物杀虫治病。

⑩防止污染：捡虫时要捡净，有割破的幼虫时，要把该台的蜂王浆移出另存或舍弃。

⑪保证卫生：严格遵守生产操作规程，生产场所要清洁，保持空气流通，所有生产用具应用75％的酒精消毒。生产人员身体健康，注意个人卫生，工作时戴口罩、着工作服、帽。取浆时不得将挖浆工具和移虫针插入其他物品中，盛浆容器务必消毒、洗净和晾干，整个生产过程尽可能在室内进行，禁止无关的物品与蜂王浆接触。

## 计数蜂王浆

计数蜂王浆有王台蜂王浆和蜂王胚蜂王浆两种，在销售、保存和使用时，均以1个王台为基本单位进行。生产方法与计量蜂王浆类似。

（1）蜂群的组织管理　用隔王板把生产群的蜂巢隔为生产区和繁殖区，产浆区将小幼虫脾放中间，粉脾放两侧，往外是新封盖蛹脾和蜜脾，浆框插在幼虫脾和粉蜜脾之间。生产一段时间后，蜜蜂形成条件反射，就可以不提小虫脾放继箱，巢脾的排列则为蜜粉脾在两边，浆框两侧放新封盖蛹脾，每6天（2个产浆期）调整一次蜂群，在生产期，浆框两侧不少于1张封盖蛹脾。保持蜂多于脾，饲料充足，视群势强弱增减王台数量。

（2）组装王台绑浆框　将单个王台推进王台条座的卡槽内，12个王台组成1个王台条，浆框的每一个框梁上捆绑2条王台条，再把每条王台条用橡皮圈固定在浆框的框梁上（图6-35）。

（3）插浆框诱蜂泌浆　将移好虫的浆框及时插入产浆群，初次插框产浆时，首先要提前1～2小时将产浆群中的虫脾和蜜粉脾移位，使之相距30毫米，插框时徐徐放下，不扰乱蜂群的正常秩序。蜂群达到8～9框蜂的可插入有72个王台的浆框；达到12框蜂的可插入有96个王台的浆框；达到14框蜂以上的可插入有144个王台的浆框，或隔日错开再插入96个王台的浆框，保持一个大群有2个浆框。但在蜜源、蜂群不太好的情况下，即使插入1个浆框也要酌情减少王台数量，首先减去上面的1条，后减下面的1条，留

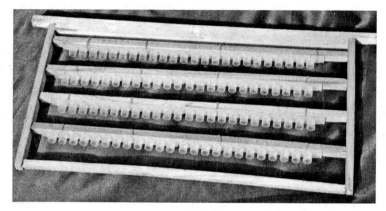

图 6-35　计数蜂王浆框

（孙士尧　摄）

中间 2 条，这样王台条刚好在蜂多的位置，以便工蜂泌浆育虫和保温。在插浆框的同时插入待修王台的浆框。

（4）及时补虫或换台　补虫方法同计量蜂王浆的生产。此外，还可把已接受幼虫的王台集中于一框继续生产，没接受幼虫的王台重新组框移虫再生产。

（5）收浆装盒　收取时间一般在移虫后 60～70 小时（2.5～3 天），边收浆框边在原位置放进移好虫的浆框，或把前 1 天放入的浆框移到该位置，并加入待修台的浆框，可节约时间，并减少开箱次数。将附着在浆框上的蜜蜂轻轻抖落在蜂箱内，再用清洁的蜂扫拂去余蜂，或用吹蜂机吹落蜜蜂，勿将异物吹进王台中。

从浆框梁上解开橡皮圈，卸下王台条，用镊子小心捡拾幼虫，注意不能使王台口变形，一旦变形要修整如初，否则，应与不足 0.5 克的王台一同换掉，使整条王台内的蜂王浆一致，上口高度和色泽一样，另外还要注意保持蜂王浆状态不被破坏。

取出的王台蜂王浆经清污消毒后，将王台条推进王台盒底的插座内，放 2 支取浆勺，盖上盒盖，置于专用泡沫箱内，送冷库冷冻存放（图 6-36）。

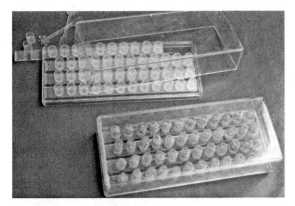

图 6-36 计数蜂王浆（示：底座和台基）

（孙士尧 摄）

（6）提高产量和质量

①提高产量的措施：选育王浆高产蜂种，保持食物充足，坚持调脾连产。

②提高质量的办法：每个王台内蜂王浆含量不少于 0.5 克；王台口蜡质洁白或微黄，高低一致，无变形、无损坏；王台内的幼虫要求取出的，应全部捡净，并保持蜂王浆状态不变。浆框提出蜂箱后，取虫、清污、消毒、装盒和速冻以最快的速度进行，忌高温和暴露时间过长。盒子要透明，不能磨损和碰撞，盒与盒之间由瓦楞纸相隔，采用泡沫箱包装。

# （三）蜂花粉的收集

## ▶ 生产蜂花粉

在粉源丰富的季节，有 5 脾蜂的蜂群就可以投入生产，单王群 8～9 框蜂生产蜂花粉较适宜，双王群脱粉产量高而稳产。

（1）生产工艺　蜜蜂采集植物的花粉，并在后足花粉篮中堆积成团带回蜂巢（图 6-37），在通过巢门设置的脱粉孔时其后足携带的两团花粉就被截留下来，待接粉盒中蜂花粉积累到一定数量后，集中收集晾（烘）干（图6-38）。

图6-37 蜂花粉的采集

（朱志强 摄）

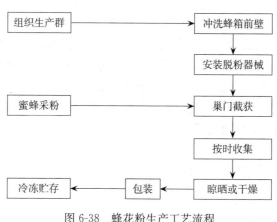

图6-38 蜂花粉生产工艺流程

（张中印）

（2）操作技术 先把蜂箱垫成前低后高，取下巢门档，清理、冲洗巢门及其周围的箱壁（板）；然后，把脱粉器紧靠蜂箱前壁巢门放置，堵住蜜蜂通往巢外除脱粉孔以外的所有空隙，并与箱底垂直（图6-39）；最后，在脱粉器下安置簸箕形塑料集粉盒（或以覆布代替），脱下的花粉团自动滚落盒内，积累到一定量时，及时倒出。

图 6-39　巢门脱粉
（张中印　摄）

将花粉晾晒在无毒干净的塑料布或竹席上，花粉要均匀摊开，厚度约 10 毫米为宜，并在蜂花粉上覆盖一层棉纱布。晾晒初期少翻动，如有疙瘩时，2 小时后用薄木片轻轻拨开。尽可能一次晾干，干的程度以手握一把花粉听到刷刷的响声为宜。

花粉的干燥在恒温箱干燥箱中进行，其方法是：把花粉放在烘箱托盘的衬纸上或托盘的棉纱布上，接通电源，调节烘箱温度至 45℃，8 小时左右即可收取保存。

（3）生产时间　一个花期，应从蜂群进粉略有盈余时开始脱粉，而在大流蜜开始时结束，或改脱粉为抽粉脾。一天当中，一般应在 7～14 时。在一个花期内，如果蜜、浆、粉兼收，脱粉应在 9 点以前进行，下午生产蜂王浆，两者之间生产蜂蜜。当主要蜜源大排蜜开始，要取下脱粉器，集中力量生产蜂蜜。

（4）蜂群管理

①组织脱粉蜂群，优化群势：在生产花粉 15 天前或进入粉源场地后，有计划地从强群中抽出部分带幼蜂的封盖子脾补助弱群，使之在粉源植物开花时达到 8～9 框的群势，或组成 10～12 框蜂的双王群，增加生产群数。

②蜂王管理：使用良种，新王生产，在生产过程中不换王、不治螨、不介绍王台，这些工作要在脱粉前完成。同时要少检查、少惊动蜂群。

③选择巢门方向：春天巢向南，夏、秋面向东北方向，巢口不能对着风口，避免阳光直射。

④加强繁殖，协调发展：在花粉开始生产前45天至花期结束前30天有计划地培育适龄采集蜂，做到蜂群中卵、虫、蛹、蜂的比例正常，幼虫发育良好。

⑤蜂数足：群势平箱8～9框，继箱12框左右，蜂和脾的比例相当或蜂略多于脾。

⑥饲料够：蜂巢内花粉够吃不节余，或保持花粉略多于消耗。无蜜源时先喂好底糖（饲料），有蜜采进但不够当日用时，每天晚上喂，达到第二天糖蜜的消耗量，以促进繁殖和使更多的蜜蜂投入到采粉工作中去，特别是干旱天气更应每晚饲喂。

⑦连续脱粉，雨后及时脱粉。

⑧防止热伤，防止偏集：脱粉过程中若发现蜜蜂爬在蜂箱前壁不进巢、怠工，巢门堵塞，应及时揭开覆布、掀起大盖或暂时拿掉脱粉器，以利通风透气，积极降温，查明原因及时解决。气温在34℃以上时应停止脱粉。

若对全场蜂群同时脱粉，同一排的蜂箱应同时安装或取下脱粉器，防止蜜蜂钻进他箱。

（5）贮存　干燥后的花粉用双层无毒塑料袋密封后外套编织袋包装，每袋40千克，密封，在交售前不得反复晾晒和倒腾。莲花粉须在塑料桶、箱中保存，内加塑料袋。此外，工厂或公司可用铝箔复合袋抽气充氮包装。在通风、干燥和阴凉的地方暂时贮存，在－5℃以下的库房中可长期贮放，并做好上述工作。

（6）提高质量

①防止污染和毒害：生产蜂花粉的场地要求植被丰富，空气清新，无飞沙与扬尘；周边环境卫生，无苍蝇等飞虫；远离化工厂、粉尘厂；避开有毒有害蜜源。

生产蜂群健康，不用病群生产，生产前冲刷箱壁，脱粉中不治螨，不使用升华硫。若粉源植物施药或遇刮风天气，应停止生产。晾晒花粉须罩纱网或覆盖纱布，防止飞虫光顾。

蜜源植物，一群蜂应有油菜 3～4 亩、玉米 5～6 亩、向日葵 5～6 亩、荞麦 3～4 亩供采集，五味子、杏树花、莲藕花、茶叶花、芝麻花、栾树花、葎草花、虞美人、党参花、西瓜花、板栗花、野菊花和野皂荚等蜜源花期，都可以生产蜂花粉。

②防止混杂和破碎：集粉盒面积要大，当盒内积有一定量的花粉时要及时倒出晾干，以免压成饼状。

在采杂粉多的时间段内和采杂粉多的蜂群，所生产的花粉要与纯度高的花粉分批收集，分开晾晒，互不混合（图 6-40，图 6-41）。

图 6-40　五味子花粉　　　　　　图 6-41　茶叶花花粉
　（张中印　摄）　　　　　　　　（张中印　摄）

### ▶ 蜂粮的获得

蜂粮（Bee bread）（图 6-42）的质量稳定，口感好，卫生指标高于蜂花粉，营养价值优于同种粉源的蜂花粉，易被人体消化吸收，而且不会引起花粉过敏症。

（1）生产工具　蜂粮脾，有可拆卸和组装的蜂粮专用塑料巢脾（图 6-43），其产品是颗粒状的蜂粮；还有由纯净的蜜盖蜡轧制的

图 6-42　蜂　粮

（张中印　摄）

巢础、无础线筑造的蜂粮专用蜡质巢脾，其产品是切割成各种造型的块状。另外，生产蜂粮还可参照生产盒装巢蜜的方法，用巢蜜盒生产蜂粮。

图 6-43　分合式巢房组成蜂粮专用巢脾

（张少斌　摄）

（2）工艺流程　见图 6-44。

（3）操作技术

①单王群生产蜂粮：用三框隔王栅和框式隔王板把蜂巢分成产卵区、哺育区和生产区三部分，依次排列巢脾（图 6-45）。然后加入蜂粮生产脾，约 1 周，视贮粉多少，及时提到继箱，等待成熟，

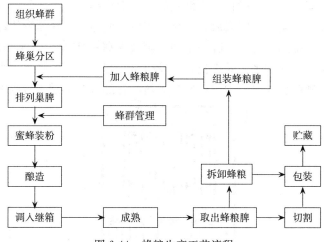

图 6-44 蜂粮生产工艺流程

（张中印）

当有部分蜂粮巢房封盖，即取出等待后继工序，原位置再放蜂粮生产脾 1 张，并把 3 区巢脾调整如初。

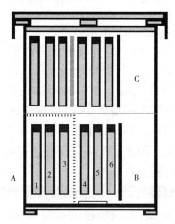

图 6-45 单王群生产蜂粮的蜂巢

A. 产卵区　B. 生产区　C. 哺育区

1. 封盖子脾　2. 大幼虫脾　3. 正出房子脾或空脾　4. 蜂粮脾

5. 大幼虫脾　6. 装满蜂蜜脾

（张中印）

②双王群生产蜂粮：用框式隔王板把巢箱隔成三部分，若三部分相等，中间区的中央放无空巢房的虫脾或卵脾，其两侧放蜂粮生产脾；若中间区有两个脾的空间，则放两张蜂粮脾（图6-46）。继箱与巢箱之间加平面隔王板，继箱中放子脾、蜜脾和浆框。当巢房贮存满蜂粮后及时提到继箱使之成熟，有部分蜂粮封盖后取出。

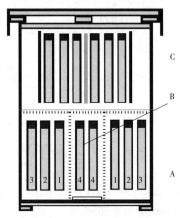

图6-46　双王群生产蜂粮的蜂巢
A. 产卵区　B. 生产区　C. 哺育区
1. 新封盖子脾　2. 大幼虫脾　3. 空脾或正出房子脾　4. 蜂粮脾
（张中印）

③蜂粮脾的消毒和灭虫：抽出的蜂粮脾（图6-47）用75％的食用酒精喷雾消毒及用无毒塑料袋密封后，放在－18℃的温度冷冻48小时，或用磷化铝熏蒸杀死寄生其上的害虫。蜂粮脾经消毒、灭虫后即可放在通风、阴凉、干燥处保存。保存期间要防鼠害，防害虫的再次寄生，防污染和变质。

④蜂粮脾的切割和拆卸：经消毒和灭虫的蜂粮，在塑料巢脾内，应拆开收集，用无毒塑料袋包装后待售（图6-48）。在蜡质巢脾内的蜂粮，可用模具刀切成所需形状，用无毒玻璃纸密封后，再用透明塑料盒包装，标明品名、种类、重量、生产日期、食用方法等，即可出售或保存。

（4）**蜂群管理**　生产蜂粮的蜂群，其管理措施与生产花粉的蜂

图 6-47　蜂粮巢脾

（张少斌　摄）

图 6-48　蜂　粮

（张少斌　摄）

群相似，其特殊要求如下。

①新王、预防分蜂热：新王无病和无分蜂热的王浆高产蜂群适合生产蜂粮。

②调整蜂粮脾位置：及时把装满花粉的蜂粮脾调到边脾或继箱的位置，让蜜蜂继续酿造，当有一部分巢房封盖即表示成熟，及时抽出。在原位置再放置蜂粮生产脾，以供贮粉，继续生产。

③提供产卵用巢脾：在产卵区，适时将产满卵的子脾调到蜂粮脾外侧，傍晚供给正出房的封盖子脾。

# （四）蜂胶的积累

## ▶ 蜂胶的来源

蜂胶来源于植物，是工蜂从植物幼芽和树干破伤处采集树脂（图6-49，图6-50），混入上颚腺分泌物等加工而成的一种具有芳香气味的固体物（图6-51）。蜜蜂在气温较高的夏秋季节采胶，西方蜜蜂采胶，东方蜜蜂不采胶，高加索蜂采胶能力强。

图6-49　蜂胶的来源——杨树芽分泌的胶液
（张中印　摄）

图6-50　蜜蜂采集杨树芽胶
（房柱　提供）

图 6-51　蜜蜂堆积在框耳、箱沿和纱盖上的蜂胶
（张中印　摄）

专门生产蜂胶要求外界最低气温在 15℃ 以上，蜂场周围 2.5 千米范围内有充足的胶源植物；蜂群强壮、健康无病，饲料充足。

> **工艺流程**

专门生产蜂胶，采用尼龙纱网和竹丝副盖式聚积蜂胶器进行生产，生产工艺流程见图 6-52。

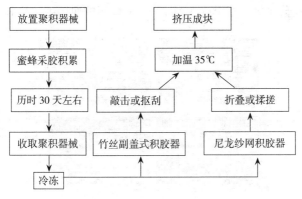

图 6-52　蜂胶生产工艺流程
（张中印）

**操作方法**

（1）放置聚胶器械　用尼龙纱网取胶时，在框梁上放 3 毫米厚的竹木条，把 40 目左右的尼龙纱网放在上面，再盖上盖布。检查蜂群时，打开箱盖，揭下覆布，然后盖上，再连同尼龙纱网一起揭掉，蜂群检查完毕再盖上（图 6-53）。

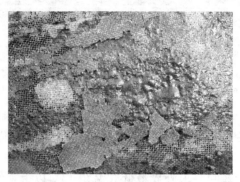

图 6-53　用尼龙纱网聚积蜂胶
（张中印　摄）

用竹丝副盖式取胶时，将其代替副盖使用即可，上盖覆布。在炎热天气，把覆布两头折叠 5～10 厘米，以利通气和积累蜂胶，转地时取下覆布，落场时盖上，并经常从箱口、框耳等积胶多的地方刮取蜂胶黏在集胶栅上（图 6-54）。不能颠倒使用副盖集胶器。

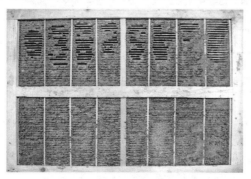

图 6-54　竹丝副盖生产蜂胶的方法—聚集蜂胶
（张中印　摄）

（2）采收保存蜂胶　利用聚积蜂胶器械生产蜂胶，待蜂胶积累到一定数量时（一般历时 30 天）即可采收。从蜂箱中取出尼龙纱网或竹丝副盖式集胶器，放冰箱冷冻后，用木棒敲击、挤压或折叠揉搓，使蜂胶与器物脱离。取副盖集胶器上的蜂胶，还可使用不锈钢或竹质取胶叉顺竹丝剔刮，取胶速度快，蜂胶自然分离（图 6-55）。

图 6-55　竹丝副盖生产蜂胶的方法——刮胶

（张中印　摄）

在日常管理蜂群时，可直接用起刮刀铲下巢、继箱口边缘、隔王板等处的蜂胶。

采收的蜂胶及时装入无毒塑料袋中，1 千克为一个包装，于阴凉、干燥、避光和通风处密封保存，并及早交售。一个蜜源花期的蜂胶存放在一起，勿使混杂。袋上应标明胶源植物、时间、地点和采集人。一般是当年的蜂胶质量较好（图 6-56），1 年后蜂胶颜色加深、品质下降。

图 6-56　采收后聚积成块的优质蜂胶

（张中印　摄）

## 质量控制

在胶源植物优质丰富或蜜、胶源都丰富的地方放蜂，利用副盖式采胶器和尼龙纱网连续积累。在生产前要对工具进行清洗消毒，刮除箱内的蜂胶；生产期间，不得用水剂、粉剂和升华硫等药物对蜂群进行杀虫灭菌；尽量缩短生产周期；生产出的蜂胶及时清除蜡瘤、木屑、棉纱纤维、死蜂肢体等杂质，不与金属接触。不同时间、不同方法生产的蜂胶分别包装存放，包装袋要无毒并扎紧密封，标明生产起始日期、地点、胶源植物、蜂种、重量和生产方法等，严禁对蜂胶加热过滤和掺杂使假。

# （五）蜂毒的采集

## ▶ 蜂毒的来源

蜂毒是工蜂毒腺及其副腺分泌出的具有芳香气味的一种透明毒液，贮存在毒囊中，蜜蜂受到刺激时由螫针排出（图 6-57）。1 只工蜂 1 次排毒量约含干蜂毒 0.085 毫克，毒液排出后不能再补充。电取蜂毒，每群每次有 2 000～2 500 只蜜蜂排毒，可得到干蜂毒 0.15～0.22 克。雄蜂无螫针和毒腺，不能产生蜂毒；蜂王的毒液约是工蜂的 3 倍，但只在两王拼斗时蜂王才伸出螫针射毒，因其量少，无实际生产价值。

目前，采取电取蜂毒，在生产过程中，有利于保护蜜蜂，但不

图 6-57　工蜂受到刺激排出的毒液
（张中印　摄）

能防止副腺产生的乙酸乙戊酯等 13 种挥发性物质的损失，液体蜂毒在常温下很快会干燥成骨胶状的透明晶体，干蜂毒只相当于原液重量的 30％～40％。

## 蜂毒的采集

（1）电取蜂毒的工艺流程　见图 6-58。

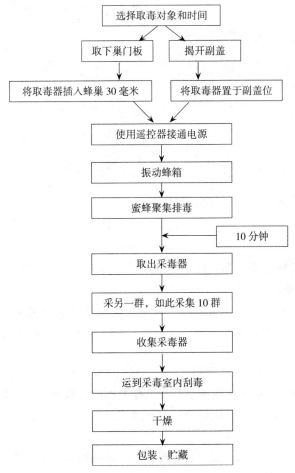

图 6-58　电取蜂毒工艺流程

（张中印）

（2）电取蜂毒的操作方法

①安置取毒器：取下巢门板，将取毒器从巢门口插入箱内30毫米或安放在副盖（应先揭去副盖、覆布等物）的位置上（图6-59）。

图 6-59　巢门取毒

（缪晓青　摄）

②刺激蜜蜂排毒：按下遥控器开关，接通电源对电网供电，调节电流大小，给蜜蜂适当的电击强度，并稍震动蜂箱。当蜜蜂停留在电网上受到电流刺激，其螫针便刺穿塑料布或尼龙纱排毒于玻璃上，随着蜜蜂的叫声和刺蜇散发的气味，蜜蜂向电网聚集排毒。

③停止取毒：每群蜂取毒10分钟，停止对电网供电，待电网上的蜜蜂离散后，把取毒器移至其他蜂群继续取毒，按下取毒复位开关，即可向电网重新供电，如此采集10群蜜蜂，关闭电源，抽出集毒板。

④刮集蜂毒：将抽出的集毒板置阴凉的地方风干，用牛角片或不锈钢刀片刮下玻璃板或薄膜上的蜂毒晶体（图6-60），即得粗蜂毒（图6-61）。

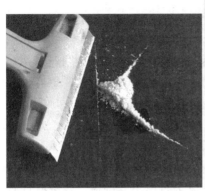 

图 6-60　刮取蜂毒　　　　　图 6-61　刮下的蜂毒

（周传鹏　摄）　　　　　　（张中印　摄）

### ▶ 包装与贮藏

取下蜂毒后，使用硅胶将其干燥至恒重后，再放入棕色小玻璃瓶中密封保存，或置于无毒塑料袋中密封（图 6-62），外套牛皮纸袋，置于阴凉干燥处贮藏。

图 6-62　蜂毒的包装

（张中印　摄）

▶ **注意事项**

（1）**蜂群要求**　生产蜂毒，要求有较强的蜂群，青壮年蜂多，蜂巢内食物充足。定期连续取毒，可提高产量。

（2）**取毒时间**　电取蜂毒一般在蜜源大流蜜结束时进行，选择温度15℃以上的无风或微风的晴天，傍晚或晚上取毒，每群蜜蜂取毒间隔时间15天左右。专门生产蜂毒的蜂场，可3～5天取毒1次。

（3）**预防蜂蜇**　选择人、畜来往少的蜂场取毒，操作人员应戴好蜂帽、穿好防蜇衣服，不抽烟，不使用喷烟器开箱；隔群分批取毒，一群蜂取完毒，让它安静10分钟再取走取毒器。蜂群取毒后应休息几日，使蜜蜂受电击造成的损伤恢复。

（4）**严防污染**　取毒前，清洗工具，彻底消毒。工作人员注意个人卫生和劳动防护，保持生产场地洁净，空气清新；蜂群健康无病。选用不锈钢丝做电极的取毒器生产蜂毒，要防止金属污染；傍晚或晚上取毒，不用喷烟的方法防蜂蜇，以防蜜水污染；刮下的蜂毒应及时干燥以防变质。

# （六）蜂蜡的榨取

▶ **蜂蜡的来源**

蜂蜡是养蜂生产的传统副产品，由8～18日龄工蜂以蜂蜜为原料，经过腹部的4对蜡腺转化而来的，蜜蜂用它筑造蜂巢。每2万只蜜蜂一生中能分泌1千克蜂蜡，一个强群在夏秋两季可分泌蜂蜡5～7.5千克。

▶ **蜂蜡的榨取**

把蜜蜂分泌蜡液筑造的巢脾，利用加热的方法使之熔化，再通过压榨、上浮或离心等程序，使蜡液和杂质分离，蜡液冷却凝固后，再重新熔化浇模成型，即成固体蜂蜡。蜜蜂蜡腺分泌的蜡液是白色的，但由于花粉、育虫等原因，蜂蜡的颜色有乳白、鲜黄、黄、棕、褐几种颜色。

（1）工艺流程　见图 6-63。

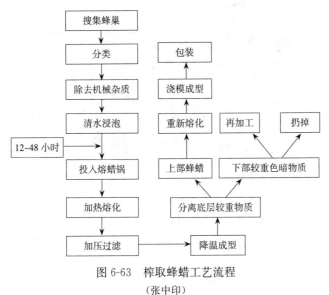

图 6-63　榨取蜂蜡工艺流程

（张中印）

（2）操作方法

①搜集原料：饲养强群，多造新脾，淘汰旧脾；大流蜜期，加宽蜂路，让蜜蜂加高巢房，做到蜜、蜡兼收。平时搜集野生蜂巢、巢穴中的赘脾和加高的王台房壁等（图 6-64，图 6-65）。

图 6-64　野生西方蜜蜂的巢穴

（张中印　摄）

②分类：对所获原料进行分级，并捡拾机械杂质。赘脾、野生

图 6-65　人工饲养的蜜蜂所造的赘脾
（张中印　摄）

蜂巢、蜜房盖和加高的王台壁为一类原料，旧脾为二类原料，其他诸如蜡瘤和病脾等为三类原料。分类后，先提取一类蜡，按序提取，不得混杂。

③清水浸泡：熔化前将蜂蜡原料用清水浸泡 2 天，提取时可除掉部分杂质，并使蜂蜡色泽鲜艳。

④加热熔化：将蜂蜡原料置于熔蜡锅中（事前向锅中加适量的水），然后供热，使蜡熔化，熔化后保温 10 分钟左右。

⑤榨蜡：

◆ 杠杆热压法　将已熔化的原料蜡连同水一齐倒入特制的麻袋或尼龙纱袋中，扎紧袋口，放在热压板上，以杠杆的作用加压，使蜡液从袋中通过缝隙流入盛蜡的容器内（图 6-66），稍晾凉，撇去浮沫。

◆ 螺旋杆榨蜡　先把下挤板置于榨蜡桶内，用热水预热桶身然后排出热水，内衬麻袋或尼龙袋，随即将煮烂的含蜡原料趁热倒入榨蜡桶中，再扎紧袋口，盖上上挤板。最后旋转螺杆对上挤板施压，蜡液受挤压溢出，经榨蜡桶底部的出蜡口导致盛蜡容器。榨蜡工作结束时，趁热清理蜡渣和各个部件。

⑥降温凝固：待蜡液凝固后即成毛蜡（图 6-67），用刀切削，将上部色浅的蜂蜡和下面色暗的物质分开。

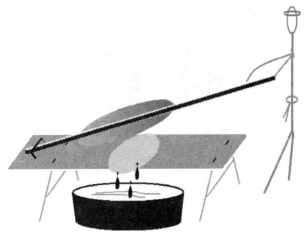

图 6-66　杠杆挤压出蜡液

（张中印）

图 6-67　初提纯的蜂蜡——毛蜡

（张中印　摄）

⑦浇模成型：将已进行分离、色浅的蜂蜡重新加水熔化，再次过滤和撇出气泡，然后注入光滑而有倾斜度边的模具，待蜡块完全凝固后反扣，卸下蜡板（图 6-68）。

对分离出的色暗的物质，亦做上述处理（图 6-69）。

图 6-68 商品蜂蜡
（张中印 摄）

图 6-69 质重的蜂蜡
（张中印 摄）

> **包装与贮存**

把蜂蜡进行分等分级，以 50 千克或按合同规定的重量为 1 个包装单位，用麻袋包装。麻袋上应标明时间、等级、净重、产地等。将不同品种、等级的蜂蜡，分别堆垛于枕木上，堆垛要整齐（图 6-70），每垛附账卡，注明日期、等级和数量。贮存蜂蜡的仓库要求干燥、卫生、通风好，无农药、化肥、鼠。

图 6-70 蜡板的贮存
（张中印 摄）

# （七）蜂崽的获得

蜜蜂是完全变态昆虫，其个体发育经过卵、虫、蛹和成虫 4 个阶段。蜂崽泛指蜜蜂幼虫和蛹，即我国古代所谓的"蜜蜂子"，主要生产蜂王幼虫和雄蜂的虫、蛹。

### 蜂王幼虫的获得

蜂王幼虫是生产蜂王浆的副产品，其采收过程即是取浆工序中的捡虫环节，每生产 1 千克蜂王浆，可收获 0.2～0.3 千克蜂王幼虫（图 6-71），每群意蜂每年生产蜂王幼虫可达到 2 千克左右。

图 6-71　蜂王幼虫

（张中印　摄）

### 生产雄蜂蛹和虫

雄蜂幼虫则是蜂王产下未受精卵算起，生长发育到 10 天前后的虫体（图 6-72）。雄蜂蛹是指蜂王产下无受精卵算起，生长发育至 20～22 天的虫体（图 6-73）。每群意蜂每次每脾可获取雄蜂蛹 0.6 千克，全年可生产 6 千克左右。

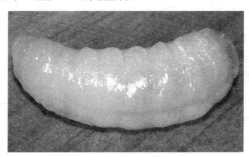

图 6-72　第 10 日龄的雄蜂幼虫

（张中印　摄）

图 6-73　第 21 天的雄蜂蛹

（张中印　摄）

（1）生产工艺　生产雄蜂蛹、虫的两个重要环节，一是取得日龄一致的雄蜂卵脾，二是把雄蜂卵培育成雄蜂蛹、虫。工艺流程见图 6-74。

（2）操作方法

①筑造雄蜂脾：用标准巢框横向拉线，再在上梁和下梁之间拉两道竖线，然后，将雄蜂巢础镶嵌进去，或用 3 个小巢框镶装好巢础，组合在标准巢框内，然后将其放入强群中修造，适当奖励饲喂，加快造脾，每个生产群配备 3 张雄蜂巢脾。

②获得雄蜂卵：在双王群中，将蜂王产卵控制器安放在巢箱内一侧的幼虫和封盖子脾之间，内置雄蜂脾，次日下午将蜂王捉住放入控制器内，约 36 小时抽出雄蜂脾，调到继箱或哺育群中孵化、哺育。

在处女王群中，抽出群内工蜂脾，加入小巢框修造的雄蜂小脾 1 张，并在雄蜂小脾的两侧加隔王板。

③培养雄蜂蛹、虫：在蜂王产卵 24～36 小时，将雄蜂脾抽出，置于强群继箱中哺育，雄蜂脾两侧分别放工蜂幼虫脾和蜜粉脾。在非流蜜期，对哺育群和供卵群均需进行奖励饲喂。在低温季节，加强保温，高温时期做好遮阳、通风和喂水工作。哺养群要求健康无病，蜂螨寄生率低，群势在 12 框蜂以上，巢内饲料充足。

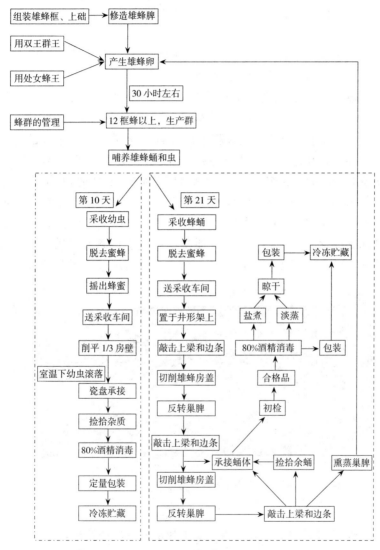

图 6-74   雄蜂幼虫和雄蜂蛹生产工艺流程

（张中印）

在供卵群的原位置再加 1 张空雄蜂脾，让蜂王继续产卵。以雄蜂幼虫取食 7 天为一个生产周期，1 个供卵群，可为 2～3 个哺养群提供雄蜂虫脾。

④采收雄蜂蛹、虫：从蜂王产卵算起，在第 10 天和在第 20～22 天采收雄蜂虫、蛹为适宜时间。

◆ 雄蜂蛹的采收　将雄蜂蛹脾从哺育群内提出，脱去蜜蜂（图 6-75），或从恒温恒湿箱中取出（雄蜂子脾全部封盖后放在恒温恒湿箱中化蛹的），把巢脾平放在井形架子上（有条件的可先把雄蜂脾放在冰箱中冷冻几分钟），用木棒敲击巢脾上梁和边条，使巢房内的蛹下沉，然后用平整锋利的长刀把巢房盖削去（图 6-76），再把巢脾翻转，使削去房盖的一面朝下（下铺白布或竹筛作接蛹垫），再用木棒或刀把敲击巢脾四周，使巢脾下面的雄蜂蛹震落到垫上，同时上面巢房内的蛹下沉离开房盖，按上法把剩下的一面房盖削去，翻转、敲击，震落蜂蛹（图 6-77）。

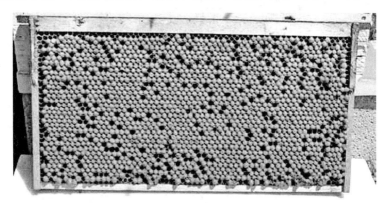

图 6-75　雄蜂蛹脾

（叶振生　摄）

◆ 雄蜂幼虫的采收　将雄蜂虫脾从哺育群中抽出，抖落蜜蜂，摇出蜂蜜，削去 1/3 巢房壁后，放进室内，让雄蜂幼虫向外爬出，落在设置的托盘中。

◆ 雄蜂脾的处置　取蛹后的巢脾用磷化铝熏蒸后重新插入供

图 6-76　割除封盖
（叶振生　摄）

图 6-77　雄蜂蛹
（王磊　摄）

卵群，让蜂王产卵，继续生产。生产期结束后，对雄蜂巢脾消毒和
杀虫后，妥善保存。

## ▶ 包装与贮存

雄蜂蛹、虫易受内、外环境的影响而变质。新鲜雄蜂蛹中的酪氨酸酶易被氧化，在短时间内可使蛹体变黑，新鲜雄蜂虫和蜂王幼虫胴体逐渐变红至暗，失去商品价值。因此，蜜蜂虫、蛹生产出来后，立即捡去割坏或不合要求的虫体，并用清水漂洗干净后妥善贮存。

（1）雄蜂蛹的包装与贮存

①冷冻法：用80％的食用酒精对雄蜂蛹喷洒消毒，然后用不透气的聚乙烯透明塑料袋分装，每袋0.5千克或1千克，排除袋内空气，密封，并立即放入-18℃的冷柜中冷冻保存（图6-78）。

图6-78　雄蜂蛹的包装和保存

（王磊　摄）

②淡干法：把经过漂洗的雄蜂蛹倒入蒸笼内衬纱布上，用旺火蒸10分钟，使蛋白质凝固，然后烘干或晒干，也可以把蒸好的蛹体表水甩掉，然后装入聚乙烯透明塑料袋中冷冻保存。

③盐渍法：取蛹前，将含盐10％～15％的盐水煮沸备用。取出的雄蜂蛹经漂洗后倒入锅内，大火烧沸，煮15分钟左右，捞出甩掉盐水，摊平晾干（图6-79）。煮后的盐水如重复利用，每次依加水的重量按比例添加食盐。晾干后的盐渍雄蜂蛹用聚乙烯透明塑料袋包装（1千克/袋）后，在-18℃以下冷冻保存。或者装入纱布袋内挂在通风阴凉处待售。

（2）蜜蜂虫的包装与贮存

①低温保存：蜂王和雄蜂幼虫用透明聚乙烯袋包装后，及时存放在－15℃的冷库或冰柜中保存。

②白酒浸泡：用60度白酒或75％的食用酒精浸泡，液面浸过幼虫，装满后密封保存，及时出售。

③冷冻干燥：利用匀浆机把幼虫或蛹粉碎匀浆后过滤，经冷冻干燥后磨成细粉（图6-80），密封在聚乙烯塑料袋中保存，备用。

图6-79　盐渍雄蜂蛹

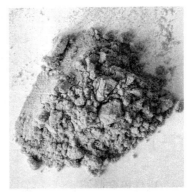

图6-80　雄蜂蛹冻干粉

（王磊　摄）

### ➤ 提高产量和质量

提高产量的措施有：利用双王群进行雄蜂虫、蛹的生产，保证食物充足，连续生产，生产雄蜂蛹，从卵算起，20～22天为一个生产周期。强群7～8天可哺养1脾，雄蜂房封盖后调到副群或集中到恒温恒湿箱中化蛹，恒温恒湿箱的温度控制在34～35℃，相对湿度控制在75％～90％。

提高质量的方法：所有生产虫、蛹的工具和容器要清洗消毒，防止污染；保证虫、蛹日龄一致，去除被破坏的和不符合要求的虫、蛹；生产场所要干净，有专门的符合规定的采收车间；工作人员要保持卫生，着工作服、帽和戴口罩；不用有病群生产；生产的虫、蛹要及时进行保鲜处理和冷冻保存。

# 七、蜂场疫病综合防治

**目标**

● 了解蜜蜂病敌害的特点
● 牢记蜜蜂健康管理措施
● 掌握蜜蜂病害的治疗技术
● 学会蜜蜂敌害的控制方法
● 熟悉蜜蜂毒害的预防措施

## （一）蜜蜂病敌害概述

蜜蜂疫病是指蜜蜂受微生物、毒物或天敌的危害，以及食物或天气的影响，造成群势下降，丧失生产能力，直至群体死亡。

### 蜜蜂的病害

蜜蜂病害可由微生物、营养和天气等引起。微生物引起的蜂病有传染性，营养和天气引起的蜂病不传染。

（1）蜂病的表现　蜂群生病造成群势下降，失去生产能力；蜜蜂个体行为失常，器官畸形，颜色灰暗，体质衰弱，寿命缩短，直至死亡。例如，蜜蜂在地上爬行、腹部膨胀、追击人畜、幼虫腐烂、翅膀残废、散发臭气、露头蜂蛹、子脾出现"花子"和"穿孔"，等等。

（2）蜂病的传播　在一群蜂中，病原微生物通过蜜蜂取食、喂养和接触感染，形成水平传播，还会通过蜂王传递给子代进行垂直传播。

在蜂群之间，蜜蜂迷巢、偷盗或管理（人）传播，转地放蜂和交换蜂王，是远距离大面积传播疾病的途径。

### ▶ 天敌和毒害

蜜蜂受药物毒害，或被天敌取食，都会引起死亡或残废。寄生性天敌能传播，毒物和捕食蜜蜂的天敌所造成的危害不传播，但都会对蜂群产生严重的伤害。

## (二) 蜜蜂的健康管理

### ▶ 优质管理

（1）保证食物优质充足　蜜蜂的饲料有蜂蜜、蜂粮、蜂乳和水，在无病敌害的情况下，始终保证蜂群充足优质的饲料，群势在15 000只蜜蜂以上，蜂脾比大于1：1或相当，蜂儿营养充足，生长发育健康，工蜂寿命长，抗病能力强，蜂群健康有活力。在食物短缺季节，及时补充白糖糖浆和蛋白质饲料。变质的、受污染的饲料，会使蜜蜂得病。根据蜜源季节和蜜蜂状况控制蜂群繁殖快慢，有多少蜜蜂养多少虫。早春第一批子，或其他食物短缺季节，放缓繁殖速度，适当控制虫口，减少或停止生产。

（2）搞好蜂场环境卫生　及时更换巢脾，意蜂两年轮换一遍，中蜂年年更新（图7-1）。遴选环境较好的地方作为蜂场，并搞好环境卫生，坚持给水，及时清除蜂场附近的胡蜂巢等。对蜂群间的蜂、子进行调整以不传播疾病为原则。

（3）饲养强群　强群蜂多，繁殖力、生产力和抗病害能力强。

（4）管好蜂王　交换（移虫培养或购买）蜂王不得带入病虫害，年年更新蜂王，有计划地改良蜂种，防止过度近亲繁殖。

### ▶ 蜂病预防

（1）抗病育种　在生产过程中，坚持长期选择抗病力强、繁殖力强和生产性能好的蜂群培育雄蜂和蜂王。现已培育出抗囊状幼虫病的中蜂，法国还获得了抗螨的意大利蜂。

（2）重视消毒　利用清扫、洗刷和刮除等减少病源物在蜂箱、

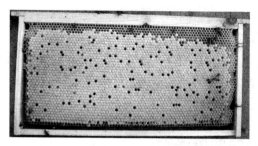

图 7-1　经常更新巢脾，减少疾病发生
（张中印　摄）

蜂具和蜂场内的存在，通过曝晒或火焰烧灼消灭蜂具上的微生物，这些物理方法随时都可进行，方便快捷。化学消毒是使用最广的消毒方法，常用于场地、蜂箱（图 7-2）、巢脾等消毒。在生产实践中，人们交换蜂胶，用 75％的酒精浸泡后喷洒蜂巢、蜂具，对爬蜂病、白垩病有一定的预防作用。常用消毒剂及使用方法见表7-1。

图 7-2　蜂箱清洁剂
　　一种由水、蜂胶、蔗糖、柠檬酸、醚类油等制作的蜂箱消毒剂，每箱 20 毫升，洒落于蜂路
（张中印　摄）

七、蜂场疫病综合防治

**表 7-1　常用消毒剂使用浓度和特点**

| 消毒剂 | 使用浓度 | 对象及特点 |
|---|---|---|
| 乙醇（$C_2H_5OH$） | 70%～75% | 花粉、工具。喷雾或擦拭，喷洒后密闭12 小时 |
| 生石灰（CaO） | 10%～20% | 病毒、真菌、细菌、芽孢。蜂具浸泡消毒。悬浮液需现配，用于洒、刷地面、墙壁；石灰粉撒场地 |
| 喷雾灵（2.5%聚维酮碘溶液） | 500 倍液 | 杀灭病毒、支原体、真菌、衣原体、细菌及其芽孢。喷雾、冲洗、擦拭、浸泡，作用时间≥10 分钟；5 000 倍作饮水消毒 |
| 过氧乙酸 | 0.05%～0.5% | 蜂具消毒，1 分钟可杀死芽孢 |
| 冰乙酸（$CH_2COOH$） | 80%～98% | 蜂螨、孢子虫、阿米巴、蜡螟的幼虫和卵。每箱体用 10～20 毫升。以布条为载体，挂于每个继箱，密闭 24 小时，气温≤18℃，熏蒸 3～5 天 |
| 硫黄（燃烧后产生 $SO_2$） | 3～5 克/箱 | 蜂螨、蜡螟、真菌。用于花粉、巢脾的熏蒸消毒 |

注：除硫黄外，其他均为水溶液。针对疫情使用消毒剂，浸泡和洗涤的物品，用清水冲洗后再用；熏蒸的物品，需置空气中 24 小时后才可使用。

（3）按时预防　对蜂螨等天敌，利用秋末、更换蜂王等断子机会，以及暴发前期有规律地进行防治，可控制其危害。

## 药物治疗

（1）治疗原则　①把蜂群作为一个整体对待：蜂群是一个有机生命聚合体，每个个体、蜂巢或食物出现问题，都是群体问题，防治时既要针对有病个体，也要考虑整个蜂群的综合治疗，譬如防治幼虫病时，要考虑成虫、蜂巢、蜂王的健康，以及食物营养问题，施药与管理措施均应到位。②防止传染把发病群和可疑病群送到不易传播病原体、消毒处理方便的地方隔离治疗，有病群用的蜂具和产品未经消毒处理不得带回健康蜂场。如果是恶性或国内首次发现的传染病，或已失去经济价值的带菌（毒）群，应进行就地焚烧处理。对被隔离的蜂群，经过治疗且经过该传染病 2 个潜伏期后，没有再发现病蜂症状，才可解除隔离。

（2）选用药物　先作出诊断，确定病原，选取高效低毒药物。一般对细菌病，常选用盐酸土霉素可溶性粉、红霉素和氟哌酸等药物；对真菌病，则选用杀真菌药物，如制霉菌素、两性霉素 B 和食醋等；对病毒病，则选用抗病毒药，如抗病毒类中草药糖浆等；对螨类敌害，可选用氟氯苯氰菊酯条、甲酸乙醇溶液、双甲脒条（500 毫克）、氟胺氰菊酯条等。

（3）注意事项

◆ 交替使用药物，防止抗药性的产生。

◆ 准确配制、使用药剂。

◆ 抓住关键时机用药，省工省力，疗效显著。例如，在蜂群断子期治螨，只需连续用药 2～3 次，即可全年免生螨害。

◆ 防止污染产品。

◆ 慎重用药，防止药害。与运输蜂群一样，对蜂群的每一次施药都是一次伤害，严重者施药 2 小时后即引起爬蜂后果，得不偿失。

# （三）蜜蜂病害的治疗

## ▶ 幼虫腐臭病

（1）美洲幼虫腐臭病（American foulbrood disease，AFB）为幼虫细菌病，多感染意蜂。

◆ 感官诊断　烂虫有腥臭味，有黏性，可拉出长丝。死蛹吻前伸，如舌状。封盖子色暗，房盖下陷或有穿孔（图 7-3）。

（2）欧洲幼虫腐臭病（European foulbrood disease，EFB）为幼虫细菌病，该病多感染中华蜜蜂。

◆ 感官诊断　观察脾面是否"花子"，再检查是否有移位、扭曲或腐烂于巢房底的小幼虫。体色由珍珠白变为淡黄色、黄色、浅褐色，直至黑褐色。当工蜂不及时清理时，幼虫腐烂，并有酸臭

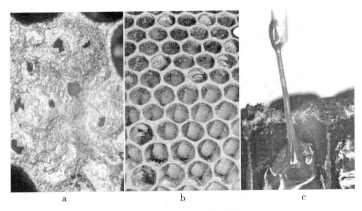

图 7-3　美洲幼虫腐臭病
a. 病脾　b. 虫尸干枯在房壁上　c. 有拉丝
（引自黄智勇）

味，稍具黏性，但拉不成丝，易清除（图7-4）。

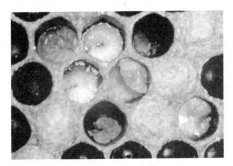

图 7-4　欧洲幼虫腐臭病
（引自黄智勇）

（3）防治措施

①预防：抗病育种，更换蜂王；禁止患病蜂群移动，焚烧患病蜂群（图7-5），彻底消毒；选择蜜源丰富的地方放蜂，保持蜂多于脾。

②防治：每10框蜂用红霉素0.05克，加250毫升50％的糖水喂蜂，或加250毫升25％的糖水喷脾，每2天喷1次，5～7次为一个疗程。也可用盐酸土霉素可溶性粉200毫克（按有效成分

图 7-5　焚烧病群

（引自黄智勇）

计），加 1∶1 的糖水 250 毫升喂蜂，每 4～5 天喂 1 次，连喂 3 次，采蜜之前 6 周停止给药。上述药物要随配随用，防止失效。研碎后加入花粉中，做成饼喂蜂也有效。还可用青霉素链霉素 80 万单位防治一群，加入 20％的糖水中喷脾，隔 3 天喷 1 次，连治 2 次。

## 幼虫囊状病

囊状幼虫病（Sacbrood disease）是一种常见的蜜蜂幼虫病毒病，中蜂、意蜂都有发生。

（1）感官诊断　蜂群发病初期，子脾呈"花子"症状。当病害严重时，患病的大幼虫或前蛹期死亡，巢房被咬开，呈尖头状；幼虫的头部有大量透明液体聚积，用镊子小心夹住幼虫头部将其提出，幼虫则呈囊袋状。

死虫逐渐由乳白变至褐色，当虫体水分蒸发，会干成一黑褐色的鳞片，头尾部略上翘，形如龙船状；死虫体不具黏性，无臭味，易清除（图 7-6）。

中蜂成年蜜蜂被病毒感染后，寿命缩短。

（2）防治措施

①预防：

◆ 抗病育种　选抗病群（如无病群）作父、母群，经连续选育，可获得抗囊状幼虫病的蜂群。

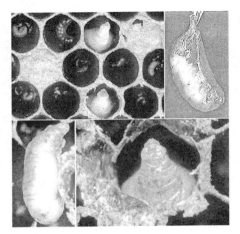

图 7-6　囊状幼虫病
（引自黄智勇）

◆ 管理　加强管理，补足饲料，保持蜂多于脾；将蜂群置于环境干燥、通风、向阳和僻静处饲养，少惊扰，可减少蜂群得病。

◆ 更换蜂王　早养王，早换王。

◆ 及早更新巢脾。

②防治：半枝莲（或海南金不换根，河南叫牛舌头蒿）榨汁，配成浓糖浆后，灌脾饲喂，饲喂量以当天吃完为度，连续多次，用量一群蜂同一个人的用量。

▶ **白垩病**

白垩病（Chalk brood）是西方蜜蜂的一种幼虫病，广泛分布于各养蜂地区。病原是大孢球囊霉（*Ascosphaera major*）和蜜蜂球囊霉（*Ascosphaera apis*）。

（1）感官诊断　在箱底或巢脾上见到长有白色菌丝或黑白两色的幼虫尸，箱外观察可见巢门前堆积像石灰子样的或白或黑的虫尸，可确诊。雄蜂幼虫比工蜂幼虫更易受到感染（图 7-7，图7-8）。

（2）防治措施

①预防：抗病育种，春季在向阳温暖和干燥的地方摆放蜂群，

图7-7　白垩病烂虫

（张中印　摄）

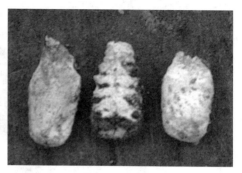

图7-8　白垩病蜂尸

（张中印　摄）

保持蜂箱内干燥透气。防治蜂螨，不饲喂带菌的花粉，外来花粉应消毒后再用，焚烧病脾，防止传播。

②防治：

◆ 每10框蜂用制霉菌素200毫克，加入250毫升50％的糖水中饲喂，每3天喂1次，连喂5次；或用制霉菌素（1片/10框）碾粉掺入花粉饲喂病群，连续7天。

◆ 用喷雾灵（25％聚维酮碘）稀释500倍液，喷洒病脾和蜂巢，每2天喷1次，连喷3次。空脾用该溶液浸泡0.5小时。

### 蜜蜂螺原体病

蜜蜂螺原体病（Honeybee spir oplasmosis）是西方蜜蜂的一种成年蜂病害。病原为蜜蜂螺原体（*Spiroplasma melliferum*），是一种螺旋形、能扭曲和旋转运动、无细胞壁的原核生物。南方在4～5月为发病高峰期，东北一带6～7月为高峰期。

（1）感官诊断　病蜂腹部膨大，行动迟缓，不能飞翔，在蜂箱周围爬行。病蜂中肠变白肿胀，环纹消失，后肠积满绿色水样粪便。此病原与孢子虫、麻痹病病毒等混合感染蜜蜂时，病情严重，爬蜂死蜂遍地，群势锐减。

（2）防治措施

①预防：培育健康的越冬蜂，留足优质饲料，给蜂群选择干

燥、向阳的场所越冬。

对撤换下来的箱、脾等蜂具及时消毒。

②防治：每 10 框蜂用红霉素 0.05 克，加入 250 毫升 50％的糖水中喂蜂，或加 25％的糖水喷脾，每 2 天喂（喷）1 次，5～7 次为一个疗程。

### ➤ 蜜蜂微孢子虫病

蜜蜂微孢子虫病（Nosema disease）是西方蜜蜂成年蜂病，冬、春发病率较高，造成成年蜂寿命缩短，春繁和越冬能力降低。病原为蜜蜂微孢子虫（*Nosema apis*）。

（1）感官诊断　病蜂行动迟缓，腹部末端呈暗黑色。当外界连续阴雨潮湿时，有下痢症状。用拇指和食指捏住成年蜂腹部末端，拉出中肠，患病蜜蜂的中肠环纹消失，无弹性、易破裂。

（2）防治措施

①预防：用冰醋酸、福尔马林加高锰酸钾熏蒸消毒蜂箱、巢脾等蜂具。用山楂水化糖喂蜂。

②防治：

◆ 喂酸饲料　在每升糖浆或蜂蜜中加入 1 克柠檬酸或 4 毫升食醋，每 10 框蜂每次喂 250 毫升，2～3 天喂 1 次，连喂 4～5 次，可抑制孢子虫的侵入与增殖。

◆ 西药　用烟曲霉素（Fumagillin）加入糖浆（25 毫克/升）中喂蜂治疗。

### ➤ 蜜蜂爬病

蜂爬病（Crawling-bee disease）主要感染西方蜜蜂，4 月为发病高峰期，病原有蜜蜂微孢子虫、蜜蜂马氏管变形虫、蜜蜂螺原体、奇异变形杆菌（*Proteus mirabilis*）等。另外，不良饲料造成蜜蜂消化障碍，也易引起蜂爬病。

（1）感官诊断　患病蜜蜂多在凌晨（4 时左右）爬出箱外，行动迟缓，腹部拉长，有时下痢，翅微上翘。病害前期，可见病蜂在巢箱周围蹦跳，无力飞行，后期在地上爬行，于沟、坑处聚集，最后抽搐死亡。死蜂伸吻、张翅。病蜂中肠变色，后肠膨大，积满黄色或绿色粪便，时有恶臭。还有些病蜂腹部膨胀、体色湿润，挤在一堆。

（2）防治措施　蜜蜂爬病，重在预防，饲养强群，除保持饲料优质充足外，还需注意以下几点。

①遴选环境：选择干燥、避风和向阳的越冬及春繁场地。保持蜂巢干燥、透气和蜂多于脾。利用气温12℃以上的中午，促进蜜蜂排泄，翻晒保暖物品，慎用塑料薄膜封盖蜂箱。

②休养生息：适时停产王浆，培育适龄健康的越冬蜂。供给蜂群充足优良的饲料。加喂酒石酸、食醋等酸味剂，抑制病原微生物的繁殖，不用代用品。春季不过早繁殖。

③消毒：每年秋季对蜂具进行消毒。

## ▶ 蜜蜂麻痹病

有急性麻痹病（Acute paralysis disease）和慢性麻痹病（Chronic paralysis disease）两种，多发生在春秋两季，是西方蜜蜂成年蜂病害。病原为蜜蜂急性麻痹病病毒（*Acute paralysis virus*，APV）和慢性麻痹病病毒（*Chronic paralysis virus*，CPV）。

（1）感官诊断　患急性麻痹病的蜜蜂死前颤抖，并伴有腹部膨大症状。患慢性麻痹病的蜜蜂，一种为大肚型，病蜂双翅颤抖，腹部因蜜囊充满液体而肿胀，翅展开，不能飞翔，在蜂箱周围或草上爬行，有时许多病蜂在箱内或箱外聚集；一种为黑蜂型，病蜂（图7-9）体表绒毛脱落，腹部末节油黑发亮，个体略小于健康蜂，颤抖，不能飞翔，常被健康蜜蜂攻击和驱逐。

（2）防治措施

①预防：防治蜂螨，选育抗病品种，更换蜂王。加强饲养管理，春季选择向阳高燥地方、夏季选择半阴凉通风场所放置蜂群，及时清除病蜂、死蜂。

②防治：每群用升华硫4～5克，撒在蜂路、巢框上梁、箱底，每周1～2次，用来驱杀病蜂。

图 7-9　病　蜂

（张中印　摄）

4‰酞丁胺粉 12 克，加 50% 糖水 1 升，每 10 框蜂每次 250 毫升，洒向巢脾喂蜂，2 天 1 次，连喂 5 次，采蜜期停用。

## ▶ 蜜蜂营养病

在蜜蜂饲料中，糖类、脂类、蛋白质、维生素、微量元素等缺乏或过多，都会引起蜜蜂营养代谢紊乱而发病。

（1）感官诊断　幼虫干瘪，被工蜂抛弃；幼龄蜂体质差、个小、寿命短，并伴随卷翅等畸形，爬死；成年蜂早衰、寿命短，产量低。在没有饲料的情况下会饿死（图 7-10），因饲料不良还会导致拉稀病，蜜蜂体色深暗，腹部膨大，行动迟缓，飞行困难，并在

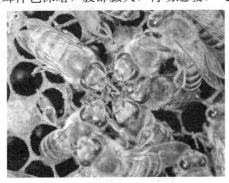

图 7-10　分享最后 1 滴甜蜜

（引自黄智勇）

蜂场及其周围排泄黄褐色、有恶臭气味的稀薄粪便，为了排泄，常在寒冷天气爬出箱外，冻死在巢门前。

（2）防治措施　把蜂群及时运到蜜源丰富的地方放养或补充饲料；在恶劣条件下，应暂停蜂王浆、蜂蛹等消耗营养大的生产活动；在蜜蜂活动季节，要根据蜂数、饲料等具体情况繁殖蜂群，并努力保持巢温的稳定。蜂群越冬时，提前喂足，慎用玉米糖喂蜂。

# （四）蜜蜂天敌的控制

包括取食蜜蜂和吮吸蜜蜂体液的所有可见动物。

## ▶ 蜂螨

蜂螨主要有大蜂螨（*Varroa jacobsoni Oud.*）和小蜂螨（*Tropilaelaps Clareae*），是西方蜜蜂的主要寄生性敌害。

（1）大蜂螨　一生经过卵、若螨和成螨（图7-11，图7-12）三个阶段，在8～9月为害最严重。

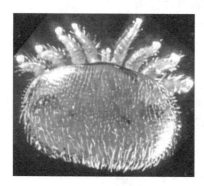

图7-11　大蜂螨背面
（引自黄智勇）

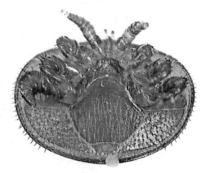

图7-12　大蜂螨腹面
（张中印　摄）

◆ 感官诊断　被寄生的成年蜂烦躁不安，体质衰弱，寿命缩短。幼虫受害后，有些在蛹期死亡，而羽化出房的蜜蜂畸形、翅残，失去飞翔能力，四处乱爬。受害蜂群，繁殖和生产能力下降，群势迅速衰弱，直至全群灭亡（图7-13）。

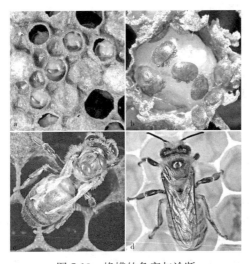

图 7-13　蜂螨的危害与诊断
a. 形成白头蛹　b. 寄生在巢房
c. 无翅的废品　d. 背负大蜂螨
（引自黄智勇）

（2）小蜂螨　一生也经过卵、若螨和成螨（图 7-14）三个阶段。

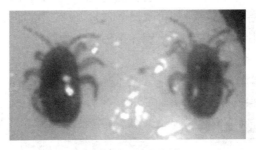

图 7-14　成年小蜂螨
（张中印　摄）

◆感官诊断　小蜂螨靠吸食蜜蜂的幼虫和蛹的淋巴生活，造成幼虫和蛹大批死亡和腐烂，封盖子房有时还会出现小孔，个别出房的幼蜂，翅残缺不全，体弱无力。小蜂螨的为害比较隐蔽，往往造成见子不见蜂的现象。

（3）药物防治

①断子期药物治螨：

◆ 原理　切断蜂螨在巢房寄生的生活史，用药喷洒巢脾，时间选择早春无子前、秋末断子后，或结合育王断子和在秋繁前断子。

◆ 药剂　常用的药剂有杀螨剂 1 号、绝螨精等水剂，按说明加溶剂稀释，置于手动喷雾器中或两罐雾化器中喷雾防治。

◆ 方法一　手动喷雾器喷洒：将巢脾提出置于继箱后，先对巢箱底进行喷雾，使蜂体上布满水滴，再取一张报纸，铺垫在箱底上，左手提出巢脾（抓中间），右手持手动喷雾器，距脾面 25 厘米左右，斜向蜜蜂喷射 3 下，喷过一面，再喷另一面，然后放入蜂巢，再喷下一脾，最后，盖上副盖、覆布、大盖。第二天早晨打开蜂箱，卷出报纸，检查治螨效果。

◆ 方法二　两罐喷雾器喷洒：用"两罐雾化器"，药物为杀螨剂，载体为煤油，比例为 1∶6。先按比例配好药液，装进药液罐。在燃烧罐中加入适量酒精，点燃，使螺旋加热管温度升高。然后手持雾化器，将喷头通过巢门或钉孔插入箱中，对着箱内空处，下压动力系统的手柄 2～3 下即可（图 7-15）。喷雾后立即关闭巢门10～15 分钟。利用两罐雾化器治螨，须隔天 1 次，连治 4 次。本方法宜在秋末治螨使用。

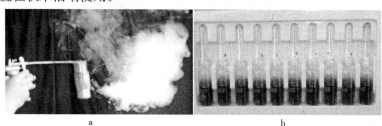

a　　　　　　　　　　　　　　　b

图 7-15　防治蜂螨 1

a. 用"两罐雾化器"喷洒药液　b. 常用的喷雾杀螨剂

（张中印　摄）

②繁殖期药物治螨：

◆ 原理　蜂群繁殖期，卵、虫、蛹、成蜂四虫态俱全，既有寄生在成年蜜蜂体上的成年蜂螨，也有寄生在巢房内的螨卵、若螨和成螨，应设法造成巢房内的螨与蜂体上的螨分离，分别防治；或者选择既能杀死巢房内的螨又能杀死蜂体上螨的药物，采用特殊的施药方法进行防治。

◆ 药剂　螨扑（如氟胺氰菊酯条、氟氯苯氰菊酯条）（图7-16）、升华硫、杀螨剂等。使用前，都需要做药效试验。

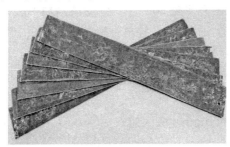

图 7-16　螨　扑

（张中印　摄）

◆ 方法一　每群蜂用药 2 片，弱群 1 片，将药片固定在第二个蜂路巢脾框梁上，对角悬挂，1 周后再加 1 片（图 7-17）。使用的螨扑一定要有效。

图 7-17　防治蜂螨 2

◆ 方法二　分巢轮治（蜂群轮流治螨）：将蜂群的蛹脾和幼虫脾带蜂提出，组成新蜂群，导入王台；蜂王和卵脾留在原箱，待蜂安定后，用杀螨水剂或油剂喷雾治疗。新分群先治1次，待群内无子后再治2次。

③升华硫治小蜂螨：

◆ **方法一** 将杀螨剂和升华硫混合（升华硫500克＋20支杀螨剂，可治疗600～800框蜂），用纱布包裹，抖落封盖子上的蜜蜂，使脾面斜向下，然后涂药于封盖子的表面。注意：不要向幼虫脾涂药，并防止药粉掉入幼虫房中，涂抹尽可能均匀、薄少，防止引起爬蜂等药害。

◆ **方法二** 升华硫500克＋20支杀螨剂＋4.5千克水，充分搅拌，然后澄清，再搅匀。提出巢脾，抖落蜜蜂，用羊毛刷浸入上述药液，提出，刷抹脾面。脾面斜向下，先刷向下的一面，避免药液漏入巢房内，刷完一面，反转后再刷另一面。

## ▶ 蜡螟

蜡螟（Wax moth）有大蜡螟（*Galleria mellonella L.*）和小蜡螟（*Achroia grisella Fabricius*）2种。

（1）**感官诊断** 蜡螟以其幼虫（又称巢虫）蛀食巢脾、钻蛀隧道，为害蜜蜂的幼虫和蛹，成行的蛹的封盖被工蜂啃去，造成"白头蛹"，影响蜂群的繁殖，严重者迫使蜂群逃亡。此外，蜡螟还破坏保存的巢脾，并吐丝结茧，在巢房上形成大量丝网，使被害的巢脾失去使用价值（图7-18，图7-19）。

（2）**防治措施**

①预防：蜂箱严实无缝，不留底窗，摆放蜂箱要前低后高，左右平衡。贮藏巢脾，可用塑料膜袋密封，并用药物有计划地熏蒸。饲养强群，保持蜂多于脾或蜂脾相称。筑造新脾，更换老脾。

②防治：用磷化铝（AlP）熏蒸消灭蜡螟（图7-20），先把巢脾分类、清理后，每个继箱放10张，箱体相叠，用塑料膜袋套封，每箱体框梁上放一粒（用纸盛放），密闭即可。磷化铝主要用于熏蒸贮藏室中的巢脾，也用于巢蜜脾上蜡螟等害虫的防除，一次用药即可达到消灭害虫的目的。

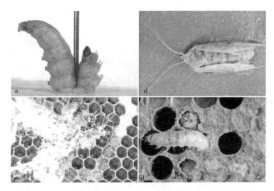

图 7-18　大蜡螟

a. 幼虫　b. 成虫　c. 为害巢脾　d. 为害子脾

（张中印　摄）

图 7-19　小蜡螟

a. 幼虫　b. 成虫和为害状

（张中印　摄）

图 7-20　磷化铝

（张中印　摄）

## ➤ 胡蜂

胡蜂（Wasp）在我国南方各省，为夏秋季节蜜蜂的主要敌害（图 7-21）。

图 7-21　胡蜂和巢穴
（张中印　摄）

（1）感官诊断　中小体型的胡蜂，常在蜂箱前 1～2 米处盘旋，寻找机会，抓捕进出飞行的蜜蜂；体型大的胡蜂，除了在箱前飞行捕捉蜜蜂外，还会伺机扑向巢门直接咬杀蜜蜂，若有胡蜂多只，还会攻进蜂巢中捕食，迫使中蜂弃巢逃跑。

（2）防治措施　将约 1 克的"毁巢灵"药粉（图 7-22）装入带盖的广口瓶内，在蜂场用捕虫网网住胡蜂后，将其装进瓶中，立即盖上盖，任其振翅敷药粉于身上，几秒钟后打开盖子，放其飞走，归巢后则起到毒杀其他个体的作用。或者发现有胡蜂为害时，可用板扑打。

诱杀胡蜂器，利用饮料瓶，在其中间穿插十字形木条（棍），四周开 0.5～0.7厘米圆孔，内盛 1/3 糖水，浓度 30% 左右，或者加入 1/4 的酒、醋混合物，或者置入肉末少许，将其挂在蜂场

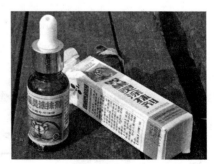

图 7-22　毁巢灵涂抹剂
（张中印　摄）

上方，招引胡蜂进入采食并溺毙，误入的蜜蜂可从四周小孔中逃离

### 老鼠

老鼠（Mouse）是蜜蜂越冬季节的重要敌害。在冬季，老鼠咬破箱体或从巢门钻入蜂箱中，一方面取食蜂蜜、花粉，啃咬毁坏巢脾，并在箱中筑巢繁殖，使蜂群饲料短缺，同时啃啮蜜蜂头、胸，把蜜蜂腹部遗留箱底。另一方面，鼠的粪便和尿液的浓烈气味，使蜜蜂骚动不安，离开蜂团而死，严重影响蜂群越冬，同时也污染了蜂箱和蜂蜜。

（1）感官诊断　在早春或冬季，箱前有头胸不全、足翅分离的碎蜂尸和蜡渣，即可断定是老鼠危害。

（2）防治措施　把蜂箱巢门高做成 7 毫米，能有效地防鼠进箱。在鼠经常出没的地方放置鼠夹、鼠笼等器具捕鼠。市售毒鼠药有灭鼠优、杀鼠灵、杀鼠迷、敌鼠等，按说明书使用，注意安全。

### 蟾蜍

蟾蜍，俗称癞蛤蟆，属两栖纲蟾蜍科，是蜜蜂夏季的主要敌害之一。每只蟾蜍一晚上能吃掉数十只到 100 只的蜜蜂。

（1）感官诊断　根据形态判断。

（2）防治措施　铲除蜂场周围的杂草，垫高蜂箱，黄昏或傍晚到箱前查看，尤其是阴雨天气，用捕虫网逮住蟾蜍，放生野外。

### 其他天敌

（1）狗熊　又名黑瞎子，它能搬走（或推翻）蜂箱，攫取蜂蜜。预防方法是养狗放哨，放炮撵走。

（2）蜘蛛　蜘蛛结网捕捉蜜蜂，还在花上狩猎蜜蜂。预防方法是远离老荆多的地方放蜂。

## （五）蜜蜂毒害的预防

蜜蜂毒害有自然和人为因素，可分为植物毒害、农药毒害和环

境毒害 3 种。

### ▶ 植物毒害

植物毒害包括有害花蜜、花粉、甘露蜜等。

（1）有害植物花蜜花粉　有油茶、茶、枣等。

①茶花蜜中毒：茶树是我国南方广泛种植的重要经济作物，开花期 9～12 月，流蜜量较大，花粉丰富且经济价值高，有利于王浆生产。

◆ 感官诊断　幼虫烂子，群势下降。

◆ 防治措施　在茶花期，每隔 1～2 天给蜂群饲喂 1∶1 糖水。

②油茶花中毒：油茶是我国长江中下游地区以及南方各省、自治区种植的重要油料作物，开花期 9～11 月。

◆ 感官诊断　成年蜂采集花蜜后腹部膨胀，无法飞行，直至死亡；幼虫取食油茶花蜜后表现为烂子。

◆ 防治措施　每天饲喂 1∶1 糖水，尽早撤离油茶场地。

③枣花蜜中毒：枣是我国重要果树之一，也是北方夏季主要蜜源植物，5～6 月或 6～7 月开花。泌蜜量大，花粉少。

◆ 感官诊断　工蜂腹胀，失去飞翔能力，只能在箱外做跳跃式爬行；死蜂呈伸吻勾腹状，踩上去有轻微的噼啪爆炸声。蜂群群势下降。

◆ 防治措施　放蜂场地要通风，并有树林遮阳。采蜜期间，做好蜂群的防暑降温工作，一早一晚清扫场地并洒水，扩大巢门，蜂场增设饲水器。保持巢内花粉充足，可减轻发病。

（2）蜜露蜜中毒　在外界蜜粉源缺乏时，蜜蜂采集某些植物幼叶分泌的甘露或蚜虫、介壳虫分泌的蜜露。

◆ 感官诊断　成年蜂腹部膨大，无力飞翔。拉出消化道，可见蜜囊膨胀，中肠环纹消失，后肠有黑色积液。严重时幼蜂、幼虫和蜂王也会中毒死亡（图 7-23）。

◆ 防治措施　选择蜜源丰富、优良的场地放蜂，保持蜂群食物充足，一旦蜜蜂采集了松、柏等甘露或蜜露，要及时清理，给蜂群补喂含有复合维生素 B 或酵母的糖浆，并转移蜂场。

图 7-23 蜜露蜜中毒

（牟秀艳 摄）

（3）有毒蜜源 我国常见的有毒蜜源植物有：藜芦、苦皮藤、喜树、博落回、曼陀罗、毛茛、乌头、白头翁、羊踯躅、杜鹃等。这些植物的花粉或花蜜含有对蜜蜂有害的生物碱、糖苷、毒蛋白、多肽、胺类、多糖、草酸盐等物质，蜜蜂采集后，受这些毒物的作用而生病。

◆ 感官诊断 因花蜜而中毒的多是采集蜂，中毒初期，蜜蜂兴奋，逐渐进入抑制状态，行动呆滞，身体麻痹，吻伸出；中毒后期，蜜蜂在箱内、场地艰难爬行，直到死亡。因花粉而中毒的多为幼蜂，其腹部膨胀，中、后肠充满黄色花粉糊，并失去飞行能力，落在箱底或爬出箱外死亡。花粉中毒严重时，幼虫滚出巢房而毙命，或烂死在巢房内，虫体呈灰白色。可鉴定花粉判定是哪种有害植物（图 7-24）。

◆ 防治措施 选择没有或少有有毒蜜源（2 千米内）的场地放蜂，或者根据蜜源特点，采取早退场、晚进场、转移蜂场等办法，避开有毒蜜源的毒害。如在秦岭山区狼牙刺场地放蜂，早退场可有效防止蜜蜂苦皮藤中毒。

发现蜜蜂蜜、粉中毒后，首先需及时从发病群中取出花蜜或花粉脾，并喂给酸饲料（如在糖水中加食醋、柠檬酸，或用生姜 25

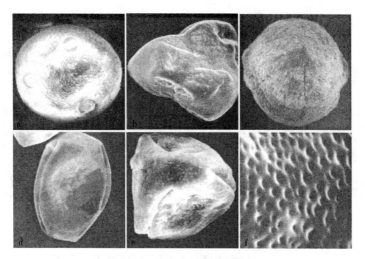

图 7-24　有害植物花粉粒

a. 博落回　b. 羊踯躅　c. 曼陀罗　d. e. f. 喜树

（引自《中国蜜蜂学》）

克加水 500 克，煮沸后再加 250 克白糖喂蜂）。若确定花粉中毒，加强脱粉可减轻症状。其次，如中毒严重或该场地没有太大价值，应权衡利弊，及时转场。

## 药物毒害

（1）农药　蜜蜂药物中毒主要是在采集果树和蔬菜等人工种植植物的花蜜花粉时发生。如我国南方的柑橘、荔枝、龙眼，北方的枣树、杏等，每年都造成大量蜜蜂死亡。另外，我国最主要的蜜源——油菜、枣等，由于催化剂和除草剂的应用，驱避蜜蜂采集，或者蜜蜂采集后，造成蜂群停止繁殖，破坏蜜蜂正常的生理机能而发生毒害作用。

①感官诊断：农药中毒的主要是外勤蜂。成年工蜂中毒后，在蜂箱前乱飞，追蜇人畜，蜂群很凶。中毒工蜂正在飞行时旋转落地，肢体麻痹，翻滚抽搐，打转，爬行，无力飞翔。最后，两翅张开，腹部勾曲，吻伸出而死，有些死蜂还携带有花粉团；严重时，短时间内在蜂箱前或蜂箱内可见大量的死蜂，全场蜂群都如此，而

且群势越强死亡越多（图7-25）。

图 7-25　农药中毒

2008年5月，河南科技学院试验蜂场因花卉喷洒农药引起蜜蜂死亡情况

（张中印　摄）

当外勤蜂中毒较轻而将受农药污染的食物带回蜂巢时，造成部分幼虫中毒而剧烈抽搐并滚出巢房。有一些幼虫能生长羽化，但出房后残翅或无翅，体重变轻。当发现上述现象时，根据对花期特点和种植管理方式的了解，即可判定是农药中毒。

②预防措施：养蜂者和种植者密切合作，尽量做到花期不喷药，或在花前预防、花后补治。必须在花期喷药的，优选施药方式，做好隔离工作。

③急救措施：第一，若只是外勤蜂中毒，及时撤离施药区即可。若有幼虫发生中毒，则须摇出受污染的饲料，清洗受污染的巢脾。第二，给中毒的蜂群饲喂 1∶1 的糖浆或甘草糖浆。对于确知有机磷农药中毒的蜂群，应及时配制 0.1％～0.2％ 的解磷定溶液，或用 0.05％～0.1％ 的硫酸阿托品喷脾解毒。对有机磷或有机氯农药中毒，也可在 20％ 的糖水中加入 0.1％ 食用碱喂蜂解毒。

（2）兽药

①感官诊断：在使用杀螨剂防治大蜂螨时，用药过量（如绝螨精二号），在施药 2 小时后，幼蜂便从箱中爬出，在箱前乱爬，直到死亡为止。有些螨扑，使幼蜂爬时间达 1 周以上（图7-26，图7-27）。

在用升华硫抹子脾防治小蜂螨时，若药沫掉进幼虫房内，则引

图 7-26　蜜蜂螨扑中毒箱外死亡蜜蜂
（张中印　摄）

图 7-27　蜜蜂螨扑中毒，箱内死亡蜜蜂，此外，蜜蜂连取食都停止了
（张中印　摄）

起幼虫中毒死亡。

②预防措施：严格按照说明配药，使用定量喷雾器施药（如两罐雾化器）。或先试治几群，按最大的防效、最小的用药量防治蜂病。

（3）激素　主要有生长素、坐果素等。目前对养蜂生产威胁最大的是赤霉素。农民有时对枣树花、油菜花喷洒赤霉素。

①感官诊断：蜜蜂采集后，便引起幼虫死亡，蜂王停产直至死亡，工蜂寿命缩短，减少甚至停止采集活动。

②预防措施：更换蜂王，离开喷洒此药的蜜源场地。

### 环境毒害

在工业区（如化工厂、水泥厂、砖厂、电厂、铝厂、药厂、冶炼厂等）附近，烟囱排出的气体中，有些含有氧化铝、二氧化硫、氟化物、砷化物、臭氧、氟等有害物质，随着空气（风）飘散并沉积下来（图 7-28）。这些有害物质，一方面直接毒害蜜蜂，使蜜蜂死亡或寿命缩短，另一方面沉积在花上，蜜蜂采集后影响蜜蜂健康和幼虫的生长发育，还对植物的生长和蜂产品质量形成威胁。

除工业区排出的有害气体外，其排出的污水和城市生活污水也

图 7-28　污浊的空气

（张中印　摄）

时刻威胁着蜜蜂的安全。污水会造成毒害，近些年来的"爬蜂病"，污水是其主要发病原因之一。荆条花期，水泥厂排出的粉尘是附近蜂群群势下降的原因之一。

毒气中毒以工业区及其排烟的顺（下）风向受害最重，污水中毒以城市周边或城中为甚。

（1）感官诊断　环境毒害，造成蜂巢内有卵无虫、爬蜂，蜜蜂疲惫不堪，群势下降，用药无效。

因污水、毒气造成蜜蜂的中毒现象，雨水多的年份轻，干旱年份重，并受季风的影响，在污染源的下风向受害重，甚至数十千米的地方也难逃其害。只要污染源存在，就会一直对该范围内的蜜蜂造成毒害（图 7-29，图 7-30）。

（2）防治措施　发现蜜蜂因有害气体而中毒，首先清除巢内饲料后喂给糖水，然后转移蜂场。

如果是污水中毒，应及时在箱内喂水或在巢门喂水，在落场时，做好蜜蜂饮水工作。

由于环境污染对蜜蜂造成毒害有时是隐性的，且是不可救药的。因此，选择环境优良的场地放蜂，是避免环境毒害的唯一办法，同时也是生产无公害蜂产品的首要措施。

图 7-29　环境毒害 1

距离郑州万象农化公司 200 米远的一个蜂场，

专家正在检查蜜蜂慢性中毒死亡情况

（张中印　摄）

图 7-30　环境毒害 2

距离郑州万象农化公司 200 米远的一个蜂场，受毒气影响，剩余蜜蜂聚集

在副盖下，打开副盖，蜜蜂急速跳出蜂箱，在地上快速爬行

（张中印　摄）

# 主要参考文献

方文富，周冰峰，黄少康，2005. 蜂王浆生产新技术研究［J］. 中国养蜂
　（1）：6-8.

龚一飞，张其康，2000. 蜜蜂分类与进化［M］. 福州：福建科学技术出版
　社.

管春华，林文，陈明虎，2008. 中华人民共和国国家标准·蜜蜂产品生产管
　理规范 GB/T21528—2008. 北京：中国标准出版社.

李子健，管春华，李晓栋，2005. 中华人民共和国国家标准·蜂蜜 GB18796—
　2005. 北京：中国标准出版社.

李子健，管春华，李晓栋，2008. 中华人民共和国国家标准·蜂王浆
　GB9697—2008. 北京：中国标准出版社.

马德风，黄文诚，1993. 中国农业百科全书·养蜂卷［M］. 北京：农业出版
　社.

苏松坤，陈盛禄，林雪珍，等，2000. 蜂子比值与采蜜量相关性的研究［J］.
　蜜蜂杂志（1）：4-7.

王建鼎，梁勤，苏荣，1997. 蜜蜂保护学［M］. 北京：中国农业出版社.

吴杰，韩胜明，2008. 新编养蜂技术问答［M］.2版. 北京：中国农业出版
　社.

徐万林，1992. 中国蜜粉源植物［M］. 哈尔滨：黑龙江科学技术出版社.

张复兴，1998. 现代养蜂生产［M］. 北京：中国农业大学出版社.

张中印，2004. 蜡螟的综合防治技术［J］. 中国养蜂（4）：22-21.

张中印，2005. 雄蜂蛹、虫优质高产技术与开发利用［J］. 中国供销商情
　（45）：37-41.

张中印，2007. 现代养蜂法［M］. 北京：中国农业出版社.

张中印，陈崇羔，2003. 中国实用养蜂学［M］. 郑州：河南科学技术出版

社.

张中印，王运兵，吕华伟，等，2003. 蜂胶的优质高产技术与安全应用研究
[J]. 蜜蜂杂志 (1)：8-9.

张中印，吴利民，吴存坡，2003. 大小蜂螨的综合防治技术 [J]. 中国养蜂
(4)：20-22.

张中印，周冰峰，王运兵，2003. 蜂花粉优质高产技术研究与应用 [J]. 蜜
蜂杂志 (6)：9-11.

http：//www. dkimages. com

http：//www. honeybeeworld. com

http：//www. honeyflowfarm. com

http：//www. invasive. org

Hung A C F，Simanuki H，Knox D A，1996. The role of viruses in bee
parasitic mite syndrome [J]. American Bee Journal，136 (10)：731-732.

Mark L，Winston Keith N，1993. Applinations of queen honey bee mandibular
pheromone for beekeeping and corp pollination [J]. Bee Word，74 (3)：
55-61.